主编 漆平 赵炜

2018

客·家·情

——广东省梅州市历史城区保护与更新规划

西南交通大学出版社
·成都·

图书在版编目（CIP）数据

客·家·情：广东省梅州市历史城区保护与更新规划／漆平，赵炜主编. —成都：西南交通大学出版社，2019.11

ISBN 978-7-5643-7236-1

Ⅰ. ①客… Ⅱ. ①漆… ②赵… Ⅲ. ①城市规划 – 建筑设计 – 作品集 – 中国 – 现代 Ⅳ. ①TU984.2

中国版本图书馆 CIP 数据核字（2019）第 272428 号

Ke·Jia·Qing
——Guangdong Sheng Meizhou Shi Lishi Chengqu Baohu yu Gengxin Guihua

**客·家·情**
——广东省梅州市历史城区保护与更新规划

主编　漆 平　赵 炜

| | |
|---|---|
| 责 任 编 辑 | 杨　勇 |
| 封 面 设 计 | 漆　平 |
| | 西南交通大学出版社 |
| 出 版 发 行 | （四川省成都市金牛区二环路北一段 111 号<br>西南交通大学创新大厦 21 楼） |
| 发行部电话 | 028-87600564　028-87600533 |
| 邮 政 编 码 | 610031 |
| 网　　　址 | http://www.xnjdcbs.com |
| 印　　　刷 | 四川玖艺呈现印刷有限公司 |
| 成 品 尺 寸 | 250 mm × 250 mm |
| 印　　　张 | 15 |
| 字　　　数 | 280 千 |
| 版　　　次 | 2019 年 11 月第 1 版 |
| 印　　　次 | 2019 年 11 月第 1 次 |
| 书　　　号 | ISBN 978-7-5643-7236-1 |
| 定　　　价 | 118.00 元 |

## 编委会

编委会主任　　邱衍庆
编委会副主任　漆　平
　　　　　　　马向明
　　　　　　　王　浩
编委（按姓氏拼音排序）
　　　　　　陈　桔　刘　杰
　　　　　　骆尔提　马　辉
　　　　　　汪志雄　王量量
　　　　　　赵　炜　周志仪

策　划　漆平

# 序　言

　　2018年是"南粤杯"联合毕业设计竞赛创办的第六年。自2012年始办以来，多所院校先后加入，6年来活动规模不断扩大，从当初的两校"联动"到今天的六校"联合"，参赛人数从20人到将近60人，涵盖城乡规划、建筑设计、环境艺术等专业，不仅是我院每年"南粤杯"系列品牌学术活动的主要内容，更是我院鼓励技术创新、推动人才培养的重要抓手和依托。当我们梳理总结经验时，也惊喜地发现，在广大师生的共同努力下，已形成了一套相对成熟的六所高校＋省规划院"6+1"校企合作模式和教学组织方式，且颇具特色。

　　一是真题真做，双向拓展校企产学研合作。

　　联合毕业设计的竞赛题目一直延续"真题真做"的原则，通过选取规划尺度适中、基础资料翔实、主题特色鲜明的新开展市场项目作为母题，在确保学生与实际项目"接轨"的同时，也将毕业设计成果纳入项目内容当中，创新了项目前期公众参与方式和专业组织模式。今年的项目在享有"世界客都"美誉的梅州市，以"客·家·情"为主题，开展"梅州市历史城区保护与更新规划"，通过对2.64平方千米的梅州历史文化城区进行整体保护更新规划，并选取1~2片历史文化街区或风貌区进行城市设计，校企合力为梅州历史文化保护出谋划策。

　　二是联合设计，双向输出科学规划编制理念。

　　在承办方广州大学与其他五所高校的共同努力下，本次联合毕业设计的工作内容全过程体现"联合"的理念。在毕业设计编制过程中，从启动之初的"联合调研"、中期的"联合工作营"到后期的两轮"联合答辩"，都将六个高校的师生、省规划院、特邀专家、当地技术人员、居民紧密联系在一起，践行了"开门做规划"的理念。同时，在答辩过程中，通过他校学生客串"规划局""市民"和"专家"进行发言点评，创新了毕业设计成果反馈形式，倒逼学生换位思考，为做出"有用的规划"传达我院的编制标准与理念。

　　三是联合培养，双向搭建校企人才孵化平台。

　　联合毕业设计竞赛既是高校本科毕业生参与实战型毕业设计的舞台，也是我院与高校联合培养人才、畅通校企人才引进渠道的重要平台。每年近60人的参赛团队，为促进更多优秀高校毕业生到我院实习、工作提供有力支撑和扎实储备。

值得庆祝的是，在今年成都站的最终答辩活动上，将每年的6月1日定为"南粤杯"六校联合毕业设计竞赛的生日。6年以来，从每一次主题的确定，到最后出书总结都要历时将近8个月的时间，组织工作也十分繁重。但因为有广州大学及各所高校师生对联合毕业设计竞赛的默默付出与不懈努力，这个新生命才得以迅速成长起来，在此表示由衷感谢。

　　今年正逢我院创建60周年华诞，也借此书贺之，并祝愿"南粤杯"联合毕业设计竞赛越办越好！

广东省城乡规划设计研究院院长

2018年8月30日 于南洲大厦

# 前 言

　　一个教学环节，六所高校，五十三名师生，九个设计组，三个月的历程，数千千米的旅途，近千张图纸，在广东省城乡规划设计研究院的全情支持下，师生们的努力和成果凝聚在这本小册子里。

　　广东省规划院多年来对"6+1联合毕业设计"的不离不弃使得六校规划专业的教学改革得以顺利进行，从院领导班子到今年配合毕设的规划中心的规划师，无不予以高度重视。梅州市规划局和编研中心的同仁对现场调研和基础资料的收集提供了便利，并在整个活动中全程关注。

　　经过数年的磨合，六校教师在教学指导思想、价值观、教学方法、教学过程等方面都达成了高度的共识，与广东省规划院各个所的合作也非常协调，每一位参与者都倾力付出、不计得失、专注教学，形成了一个团结、默契、互补的教学团队。教师的工作精神也感染了学生，各校同学以饱满的热情参加联合毕业设计，调研详尽、思维活跃、成果丰硕。各校学生负责人尽职尽责，配合教师完成了组织、联络、后勤等相关工作。

　　正是由于全体参与者的齐心协力，才使得我们能看到全体师生始终饱满的工作热情，才使得六校同学得以展示精彩纷呈的规划成果，才使得联合毕设的教学活动得以圆满完成。

　　此次联合毕设所涉及的专业以城乡规划为主，参与的学生还包括了建筑学、风景园林、环境艺术等专业。多专业的混合对于拓展专业领域的思考、方案的完整性、不同专业的协作等都对方案的演进起到了积极的作用。

　　梅州是国家级历史文化名城，中国著名侨乡，客家文化的摇篮，本次联合毕设的场地是梅州市历史城区。该区域承载了梅州市的地方文化特色，见证了客家文化的发展历程，保存了老城区的历史风貌。

　　在城市发展的进程中，梅州市也面临着其他城市同样的问题，由于周边现代建筑的包围，老城区不可避免地出现了人口空心化、产业低端化、建筑破损化、文化断层化、商业萧条化等现象。在传统文明与现代文明的冲突中，历史城区该如何定位，传统文化如何传承，生活环境如何改善，建筑风貌如何保护，这些需要我们通过调研和思考得到合理的解析和找到适当的路径。虽然各小组在思路上各有千秋，答案也不可能是唯一的，但方向和目标是一致的。

今年的主题定为"客·家·情"：客，是强调客家文化；家，是指的建筑空间；情，是希望同学们做出有情怀、有情感的作品。

城市设计从表面上看研究的是城市的物质空间问题，但我们认为，城市规划工作并不仅仅是解决物质空间问题，其根本在于面对社会的平衡、经济的发展、文化的传承、生态的保护做出什么样的选择，提出什么样的对策，采取什么样的策略。这是我们教学的基本思路。

基于这样的思路，同学们在调研的时候不仅仅关注物质空间，而且对文化活动、业态、生态、生活方式、社区组织等进行了多视点、多维度的深入调查。为丰富规划语言的表达，在中期成果汇报中，同学们采用了戏剧、影视、装置艺术的表现形式，手段多样，内容丰富，形式生动。

各校同学结合自身的优势体现出了各自的特点，同学们的表达能力、理论研究基础、专业基础水平、对场地的理解、创新思维和各专业综合能力都彰显出了各组同学的特色。这样的交流丰富了教学手段，拓展了同学们的视野，使其能力在竞争的氛围中得到了提高。

教学改革不可能一蹴而就，我们的探索始终在路上，我们的信心源自全体参与者共同的信念。

感谢广东省城乡规划设计研究院各位领导和专家多年的支持！优秀的企业，优秀的专家，全情的付出，使得这么一个跨地域的大型教学活动得以顺利进行。感谢梅州市规划局和规划编研中心的支持！你们的热情和提供的帮助与指导是教学活动的有力支持。感谢参与各个环节指导的专家学者！你们的真知灼见和专业讲座拓展了同学们的视野。感谢各校同学的积极参与！你们的才华为此次教学活动增添了光彩。感谢各校指导教师的辛勤工作！共同的愿望引导我们携手前行。

广州大学建筑与城市规划学院

2018年9月

# 梅州历史城区保护规划与城市设计

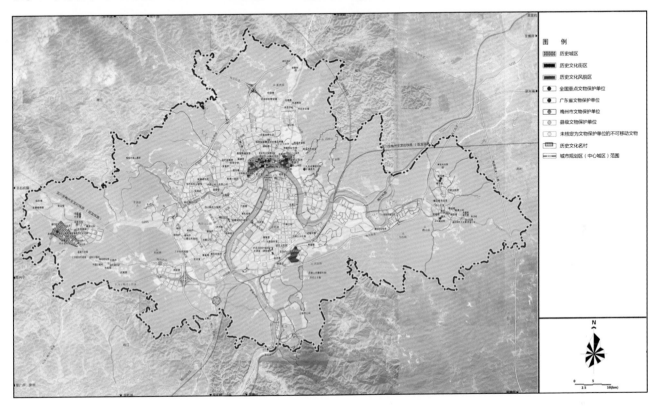

　　梅州市是国家历史文化名城，享有"世界客都"的美誉。2016年全市常住人口436.08万，97%是客家人，是客家人南迁的最后一个落脚点和衍播四海的出发地之一。旅居海外华人华侨达700多万，分布在80多个国家和地区，是全国重点侨乡。同时，也是拥有鲜明红色文化的原中央苏区市，2014年3月，国务院出台《粤闽赣原中央苏区振兴发展规划》，梅州是全国五个之一、广东唯一全域被纳入规划范围的地级市。

　　梅州市历史城区北至广梅三路、梅州大道、公园路、侨新路、岗子上路北侧，南至梅兴路、金利来大街、梅江，西至广梅路，东至东山大道（包含东山书院、崇庆堂），面积为2.64平方千米。历史城区包含大量历史文化资源，是梅州历史文化名城价值与特色的重要载体。

　　随着广东举全省之力推动粤东西北地区振兴发展，梅州中心城区扩容提质步伐空前加快，城市整体景观风貌产生了较大的变化，涌现出一批较高品质的公共建筑、城市综合体、宜居社区和公共开敞空间。但与此同时，城市建设也不断改变着城市的尺度、形态、面貌和特征，对"世界客都"特别是梅州历史城区的整体城市印象与可识别度带来一定的影响和冲击。

因此，开展本次梅州历史城区的保护规划与城市设计工作，旨在重识梅州历史城区开埠以来的空间形成肌理与历史发展脉络，统筹协调历史城区和周边地区城市开发建设与客家特色风貌传承，提出一套适用于梅州历史城区的空间保护和活化利用的目标、策略与管控体系，将历史城区塑造成为"世界客都"的展示窗口和首善之区。

请根据《城市设计管理办法》，按照重点地区城市设计工作深度，坚持"保护真实性、保护完整性、合理利用、促进发展"的保护原则，开展梅州历史城区保护规划与城市设计。具体要求包括：

（一）摸清历史城区现状建设情况，包括各级文物保护单位、不可移动文物及具有一定保护价值的传统建筑等；

（二）梳理《梅州市城市总体规划（2015-2030年）》和《梅州历史文化名城保护规划》等上层次规划对于历史城区的相关要求，提出历史城区整体城市设计的原则及思路；

（三）结合历史城区周边自然山水特征，研究历史城区空间结构，提炼客家建筑空间体量、形式、色彩、符号等富有特色的保护元素；

（四）选取历史城区范围内的重要节点地段开展意向型城市设计，重点加强建筑单体保护修缮和局部地区的细化优化设计；

（五）开展历史城区的公共空间系统规划；

（六）开展历史城区及周边地段的建筑高度控制研究；

（七）开展历史城区的相关支撑体系规划，包括公共服务设施提升、市政基础设施微改造、旅游展示路径策划和综合交通组织等内容。

# 目　录

广州大学
Guangzhou University

阮冠锋

李奕泽

康冰晓

陈楠

梁晓琳

李嘉茵

**阮冠锋**

参加六校联合毕业设计，很高兴认识了很多优秀的人。由于我们小组是多专业的联合，在对待同样的一个问题的时候，往往会有很多的不同的看法，所以花了很多的时间在沟通和交流上。最后大家都能互相体谅和让步，把事情做好。和一群人一起成长的感觉真好。

**梁晓琳**

五年的本科时光以这次六校联合毕设而告终，感谢六校的各位老师和同学，让我在规划学习上受益良多，虽然这次合作有过争执吵闹，但始终相信好的方案都是通过多方论证得出的，愿我们都能不忘初心，保持对专业的热情，迎接未知的挑战。

**李嘉茵**

大概是缘份让六校来自天南地北的小伙伴相识，大家一起在课室里赶模型出图的时光非常难忘可贵。城市设计注重人的体验，历史城区更新着重保护。通过这次设计，我对历史城区有了新的见解与感悟，开启了规划生涯的又一征途。

**李奕泽**

庆幸因为一次巧合来到了六校毕设，让本该平淡的毕设变成了游山玩水交朋友，活在当下，感激这半年每一个时刻。不断地思索，不断地尝试，不断地发现停滞已久的躯体还是可以继续前行，感谢这半年出现在我生命中的每一个角色，让我再一次成长，也让我对建筑这个终生的职业有了新的思考，也对城市规划景观园林有了新的认识，对人文关怀这个话题也有了更深入的研究。人生只有一次，过去了就是过去，向前走，别回头，莫辜负，望不忘初心，方得始终。

**康冰晓**

戏精六人组，每天早出晚归，樱花大道（绝望坡）上看星星，一路说说笑笑，感叹别人家建院的气氛，偶尔在课室争论方案争得面红耳赤，一起通过宵，一起亲手煮鸡吃鸡……回忆很多很美好，日后想起余生都会感动不已。

**陈　楠**

回望四年大学学习，受益良多。通过这次的毕业设计，我认识到规划专业具有综合性，需要有社会、经济、环境等方面的认知，在设计统筹城市时需要综合考量，权衡利弊，没有完美的能兼顾各方面的设计，城市设计者也可能最终只能做到很少，但世界正因这一点点而变得更美好。

## 激活 · 延展 · 联动
### The city regeneration WITH ACTIVITON
### Meizhou city protect&renewal planning
梅州市历史城区保护与更新规划

指导老师：漆平 骆尔提

组员：阮冠锋 梁晓琳 李嘉茵
李奕泽 康冰晓 陈楠

学校：广州大学

## 框架

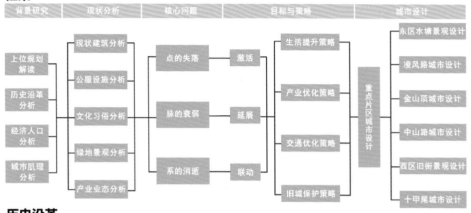

| 背景研究 | 现状分析 | 核心问题 | | 目标与策略 | | 城市设计 |
|---|---|---|---|---|---|---|

## 地理区位

梅州市位于广东省东北部，地处闽、粤、赣三省交界处，南部与潮州市、揭阳市、汕尾市毗邻，西部与河源市接壤，北部与江西省赣州市相连；属亚热带季风气候。辖区总面积15876.06平方公里，辖2区1市5县，常住人口436.08万（2016年末）。
梅州是客家人南迁的最后一个落脚点，拥有"世界客都"的美誉，也是全国重点侨乡，1994年被国务院批准为国家历史文化名城。享有"广东汉剧之乡、广东汉乐之乡、金柚之乡"的美称。

广东省　梅州市　梅江区　历史城区

## 交通区位

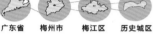
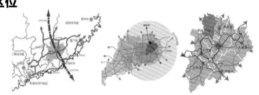

## 历史沿革

清乾隆　　　1933　　　1948　　　1963　　　1977

● 清雍正十一年（1733），程乡升为**"嘉应州"**，隶属广东省。嘉庆十二年（1807），升嘉应州为嘉应府。
● 嘉庆十七年，复为嘉应州。宣统三年（1911），嘉应州复名梅州。
● 民国三年（1914），废州府制，**梅州改名梅县。**

● 1949年10月设置兴梅专区。
● 1950年01月26日，设置兴梅行政督察专员公署，辖7县。
● 1952年12月，撤销兴梅专区，兴梅7县**改隶粤东行政区。**

● 1965年07月，设立梅县专区，原兴梅7县从汕头专区分出，归属梅县专区，**后改为梅县地区。**

● 1979年03月，**原梅县所辖之梅州镇由区级升格为县级称梅州市。**
● 1983年06月，**梅州市与梅县合并改为梅县市。**
● 1988年01月，广东实行市管县体制，**梅县地区改为梅州市。**
● 1994年06月，兴宁县撤县设市（县级）。
● 2013年10月18日，撤销梅县，设立梅州市梅县区，以原梅县的行政区域为梅县区的行政区域。

## 空间演化

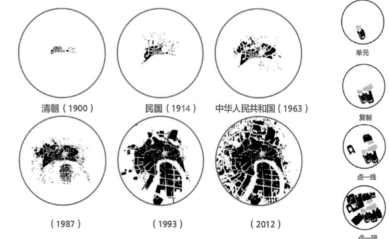

清朝（1900）　民国（1914）　中华人民共和国（1963）

（1987）　（1993）　（2012）

单元

复制

点—线

点—团

## 解读客家情

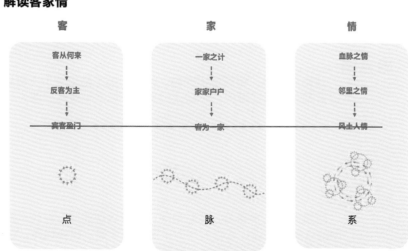

客　　　　　家　　　　　情

| 客从何来 | 一家之计 | 血脉之情 |
| 反客为主 | 家家户户 | 邻里之情 |
| 宾客盈门 | 客为一家 | 风土人情 |

点　　　　　脉　　　　　系

2

# 现状分析

本地人的认同感变低
文化与时代开始脱节

街巷空间逐渐变窄，街
巷生活消失。

大型的宗族活动减少，
公共空间被侵蚀

被城市发展侵占的公共空间失去了活力

| 空置 | 空置 | 空置 | 空置 | 祭祖 |
|------|------|------|------|------|
| 围餐 | 公共空间 | 庆典 | 居住 | 祭祖 |

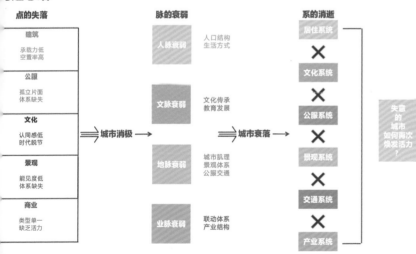

文化流失、人口外迁导致建筑的空置

传统的城市肌理在城市发展中消逝

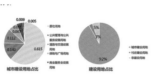

地块用地以居住用地为主，
多为 R3 类用地，居住环境较差

2017年梅江区三产比重（%）

■第一产业 ■第二产业 ■第三产业　■梅江区 梅江区第三产业

GDP 总量低，第三产业发展不平衡
主要收入旅游产业增长动力不足
旅游产业与其他产业联动不足

道路网不成体系
交通承载力较低
巷道的断头现象较多

**土地利用现状**
规划区现状土地使用主要以城市建设用地为主，配以少量水域等非建设用地

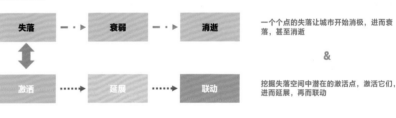

**综合道路现状**
东西向交通不足，内部断头路多，城区的交通联动性不强

**景观系统**
绿地水系支离破碎，无法相互延展
景观被严重割裂，孤立，利用率低

**公服系统**
功能孤立而片面，利用率低
服务体系缺失，缺乏人文关怀

# 问题总结

| 点的失落 | | 脉的衰弱 | | 系的消逝 | |
|---|---|---|---|---|---|

点的失落：
- 建筑　承载力低　空置率高
- 公服　孤立片面　体系缺失
- 文化　认同感低　时代脱节
- 景观　能见度低　体系缺失
- 商业　类型单一　缺乏活力

→ 城市消极

脉的衰弱：
- 人脉衰弱　人口结构　生活方式
- 文脉衰弱　文化传承　教育发展
- 地脉衰弱　城市肌理　景观体系　公服交通
- 业脉衰弱　联动体系　产业结构

⇒ 城市衰落 ⇒

系的消逝：
- 居住系统 ✕
- 文化系统 ✕
- 公服系统 ✕
- 景观系统 ✕
- 交通系统 ✕
- 产业系统 ✕

失意的城市如何再次焕发活力？

# 概念生成

失落 ⤑ 衰弱 ⤑ 消逝

⇕

激活 ⤑ 延展 ⤑ 联动

一个个点的失落让城市开始消极，进而衰落，甚至消逝。

&

挖掘失落空间中潜在的激活点，激活它们，进而延展，再而联动

**激活**：在对现有建筑进行详细评估后，寻找各种空间中各种不同功能的潜在激活点，利用社区单元营造为母题手法，结合几种拓扑手法，将潜在激活点转化为富有活力的激活点，让城市从最细微的地方开始焕发活力

**延展**：在激活点生成之后，激活点会激发周围建筑的活力，结合自发性与人为性，在激活点周围延展成线成片，相似激活点开始联动，激发出更大的活力，城市逐渐开始复苏

**联动**：当激活点延展到一定程度后，不同功能不同区位的激活区域开始碰撞，产生交集，进发新的效果，即联动，通过联动，激活区相互补充，结合，支持，结合宏观规划，联动会激发产业、教育、文化、社会、城市意象等让城市更具有活力的因素，城市重新走向繁荣

# 定位与愿景

**内涵丰富的城市意象**
激活延展联动以小见大的历史名城

**亲密包容的社会构架**
血缘地缘传承包容接纳的邻里氛围

**传承创新的客家文化**
草木人屋巷皆为载体的新旧文化

**内外互补的产业联结**
内需外需相互联动发展的产业结构

## 概念思路

### STEP1

**寻找潜在激活点**
潜藏的激活点可能是没被利用的空间或是具有特殊意义的建筑、构筑物以及在人流较多区域但荒废的建筑等。

### STEP2

**焕发活力，辐射周边**
通过设计手段对点进行激活，成为符合周边的积极空间，从而激活周边的区域。

### STEP3

**活力延展，社区营造**
成功的活力空间的营造会促进周边区域的模仿与学习并根据自身的特色进行改造，相近的活力点形成的区域则为社区营造奠定基础。

### STEP4

**激活点联结，形成激活区域**
更多的活力社区出现，将活力社区串联，形成活力带，从而形成活力街区。

### STEP5

**激活区域联动，城区复苏**
活力社区的不断形成，随之活力街区也不断出现，街区与街区之间形成联动，不断蔓延，从而使城区激活。

**核心点：**
激活 延展 联动

## 母题手法

**以进士第社区中心营造为例：**
利用围龙屋的向心性，通过疏通历史脉络，升级消极建筑，活化消极空间，延展辐射范围，联动周围空间，营造出最基本的激活区域

寻找潜在激活点　疏通历史脉络　寻找潜在激活点　升级消极建筑　联动功能升级

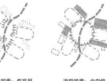

消极因素：封闭性　消极因素：低宜居　消极因素：内向性　消极因素：孤立性　激活-延展-联动

## 拓扑手法

**以老人之家公服体系为例：**
利用公服系统的延展性，通过疏通体系脉络，延展升级周围建筑，消除公服设施孤岛化，打开不同公服之间的交流，形成延展整个片区的公服体系

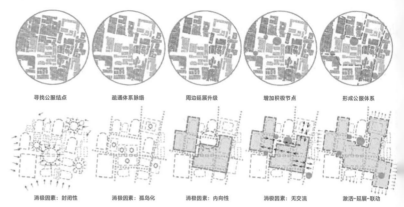

寻找公服结点　疏通体系脉络　周边延展升级　增加积极节点　形成公服体系
消极因素：封闭性　消极因素：孤岛化　消极因素：内向性　消极因素：无交流　激活-延展-联动

## 拓扑手法

**以学宫工艺文化博物馆为例：**
利用相似功能的节点，通过疏通体系脉络，融合阻碍功能的建筑，形成组团，通过驿站类活力点结合，形成与周围紧密互补的功能体系

寻找文教结点　疏通体系脉络　融合形成组团　增加积极节点　结合城市驿站
消极因素：闭塞性　消极因素：阻隔性　消极因素：活力低　消极因素：关联低　激活-延展-联动

## 拓扑手法

**以十甲尾历史街区为例：**
利用历史街区错落有致的肌理，梳理历史街区，引入城市驿站，活化潜在激活空间，增加驻留性与互动性，联动升级周边历史建筑，形成一条曲径通幽小桥流水人家依然在的历史街区

整理历史街巷　疏通历史肌理　生成城市驿站　增加互动节点　联动功能升级
消极因素：可达性　消极因素：驻留性　消极因素：互动性　消极因素：孤立性　激活-延展-联动

## 拓扑手法

**以月亮湾观光水域带为例：**
利用破碎景观的总体趋势，通过连通相邻景观，引入交通系统，活化历史建筑，鼓励自组织产业链，形成具有地域特色的产业型观光带

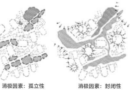

整理水域绿地　连通相邻景观　水陆公共交通　升级历史建筑　自组织产业链
消极因素：孤立性　消极因素：封闭性　消极因素：活力低　消极因素：积极性　激活-延展-联动

展－联动

**激活点延展：** 用各种手法对潜在的激活点进行激活后，激活点开始延展成线成面成片，点与点之间开始联结，更大更具有活力的激活区域开始形成

博物馆-文化教育基地

中山路-历史商业街

金山小学-幼儿活动中心

水系-景观节点与普通环境的联动

街心公园-社区活力中心

客家博物馆-社区活力中心

绿脉-营造旅游体系

十甲尾-原生态历史街

围龙屋-社区中心

骑楼街-凌风东西路

中山公园-梅州创业基地

**激活区域联动：** 不同功能的激活区域开始自发的联动，迸发出更大的活力，进而实现更大体量上的激活－延展－联动，几轮过后，最终激活整个城市同时通过一系列宏观上的规划手法，进行可以调控的干预，促进各个区域朝积极的方向发展

## 宏观规划策略

**交通优化策略：** 梳理历史脉络，打通断头路，恢复巷道，加强交通联动
中山路变更南北向单行道，西侧加设一条反向单行道

**慢行系统规划：** 使有轨电车与次级公共交通系统及步行系统衔接，与各个激活点设立的公享交通串联，实现联动，同时构建城区步行网络

**公共交通系统规划**

公交线路调整图

图例　15路　　13路　　26路　　有轨电车线路　　规划范围　　有轨电车站点　　公交站点　　电车与公交接驳点

城西大道　中山路　仲元西路　东门路　文化公园　东郊村　客家博物馆

珍珠公园（总站）　民主路　凌风西路　江边路　东山公园（总站）

**有轨电车线路规划图**

图例　有轨电车单行路线　有轨电车双行路线　有轨电车南段支线　线轨电车站点　有轨电车总站

## 有轨电车系统规划

**引入有轨电车系统，提升公共交通系统，增强片区东西向联动**

考虑到历史城市道路承载力以及新增道路难度较大，引入有轨电车，结合现实况况，总路线采用两头双线行驶，中部单线行驶的方式，增强片区的东西向的交通联系，中部区域加设南北过江支线，加强南北联动，同时未来可以进行扩展

**电车规横**

车厢≥3节，≤7节

20m ≤ x ≤ 45m

2.3m/2.4m/2.6m

≤3.6m

≥1.4m ≥2.5m

**供电方式**

架空接触网　第三轨供电　车载储能供电

**有轨电车系统优势**

1. 城市的标志

3. 自为城市景观

4. 个性化设计

5. 景点串联

6. 建设成本低

7. 运营成本低

8. 环保低能耗

9. 节省用地空间

## 历史城区保护策略

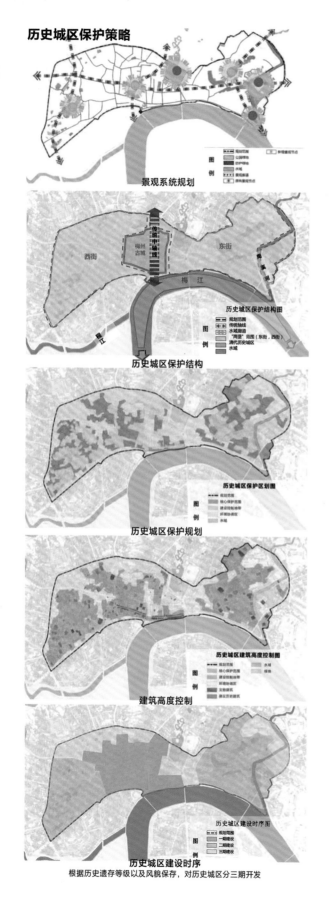

景观系统规划

历史城区保护结构

历史城区保护规划

建筑高度控制

历史城区建设时序

根据历史遗存等级以及风貌保存,对历史城区分三期开发

## 产业优化策略

活动路线策划图

摸查原有的文化节点,通过功能融合,以文化+旅游休闲的产业模式,重点发展旅游服务产业
通过对现状产业体系进行补全,以及产业链进行衍生,从而对产业进行延展
整合现状的文化节点,形成旅游展览路线,提供文化展示平台
策划不同主题活动,吸引不同人群,优化旅游体验

### 历史城区用地规划图

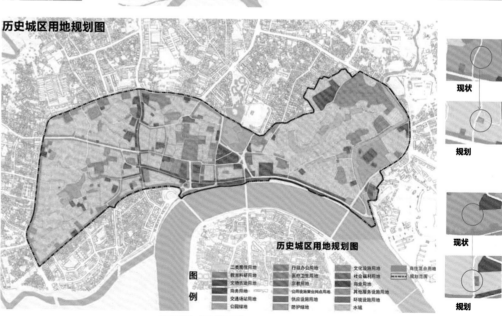

历史城区用地规划图

以点带面,优化居住环境

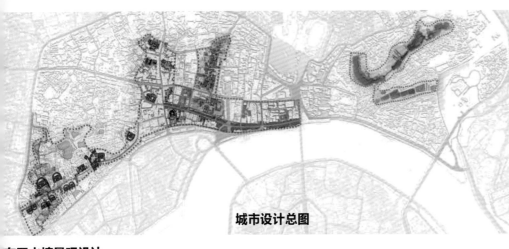

The city regeneration **WITH ACTIVITON**
Meizhou city protect&renewal planning

# 激活·延展·联动

## 梅州市历史城区保护与更新规划

东区水塘景观设计
凌风路城市设计
金山顶城市设计
中山路城市设计
西区旧街景观设计
十甲尾城市设计

**城市设计总图**

# 东区水塘景观设计

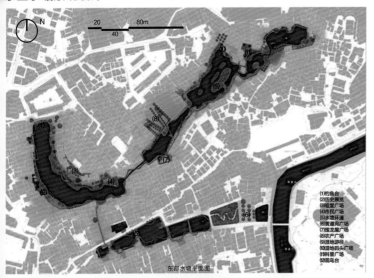

东部水塘平面图

(1)钓鱼台
(2)历史展览
(3)祖堂广场
(4)东街广场
(5)水塘环道
(6)黄道夹广场
(7)围龙屋广场
(8)农耕广场
(9)湿地游径
(10)湿地码头广场
(11)科普广场
(12)观鸟台

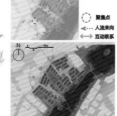

屋顶雨水相对干净，杂质、泥沙及其他污染物少，可通过弃流和简单过滤后，直接排入蓄水系统，进行处理后使用。

## 水体活化

1. 提升水体的流动性，打通部分形制受损的水塘，周边扩散形成绿地，使水塘达到贯通。
   ①游船观光路线　②环水路线　③衔接周边道路

2. 增强水体自净能力，通过对场地内水塘的生态改造，来改善水塘内的生态关系。
   ①将淤泥用作农耕土地　②培育净水植物；生态浮床&驳岸植物　③退塘还湿

3. 依托水体发展产业，改善产业结构，促进周边经济发展。
   ①生态观光产业　②观光体验渔业　③城市体验农业　④生态科研教育

**水为触媒**

增强水塘生态的自我更新能力，提升水塘生态多样性、观赏性

周边人居环境提升，新增观光旅游产业，赋予水塘社区新的活力

## 水路联动

结合场地上有潜力的建筑等空间，设置了码头，水路与陆路间联系紧密，使得有更多活动的产生，同时通过水路的设置使得各节点的联系更紧密

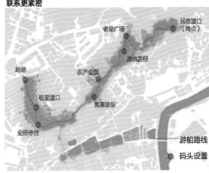

游船路线
码头设置

## 陆路联动

串联北部部分水系，联系水系周边潜在激活点，打通水系周边道路，使得周边居民更便捷的到达场地

绕湖流线
人流来向

聚焦点
人流来向
互动联系

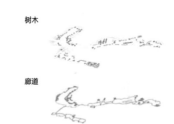

树木

廊道

绿地

水系

硬质

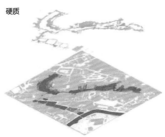

# 凌风路城市设计

凌风路城市设计总平面图

## 激活

### 功能更新
对骑楼进行功能更新，更新部分住宅功能为多样功能，包括工作室、展示厅、阅览室等。

学习空间　　工作空间　　创意交流

作品展示　　创意体验　　文学交流

### 空间更新
充分利用现有加建建筑，使其成为公共活动空间，同时营造屋顶花园。

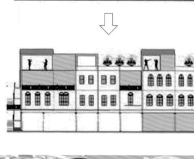

打开院落空间，加强院落景观配置，营造舒适的休憩空间。

**立体重叠**

联通立体空间

**化零为整**

增强院落围合度，增加停留空间

**化整为零**

打开封闭院落，增加过道空间

· **社区公园激活**

· **寻找潜在激活点**

现状院落（包括利用旧建筑再利用为图书馆的庭院）依旧维持传统围龙屋形式的封闭性，甚至被加建建筑覆盖，对外互动功能较弱。

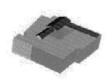
图书馆

· **升级消极建筑**

· **建筑与骑楼结合升级**

延伸坡屋顶，还原坡屋顶完整性，保留坡屋顶延伸所达的加建建筑，对影响道路通行的加建部分予以拆除，

依据整体游览路线疏通院落内部交通，保持路线顺达

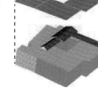

由于该院落毗邻凌风路骑楼街，延伸骑楼风格至节点建筑，形成趣味性过道空间，同时提升院落和骑楼

在骑楼基础上修缮坡屋顶，形成骑楼至围屋院落的过渡

运用传统立面材质

8

## 更新提取元素

骑楼柱式　　　　骑楼窗式

屋顶绿化　　　　骑楼栏杆

## 建筑与围龙屋结合升级

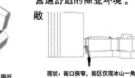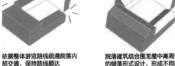

建筑模型拆分

依据整体游览路线疏通院落内部交通，保持路线顺达

院落建筑结合围龙屋中高周低的错落形式设计，形成不同的高差，给人丰富的视觉感受

## 更新提取元素

建筑高差　　　　建筑屋檐

建筑装饰　　　　文化活动

## ·延展

### 界面更新

遵循修旧如旧原则，在尊重现状的基础上对骑楼破败、色彩混乱的立面进行整改，重点修复特色骑楼建筑，整合现状材料进行不同的饰面处理。

以黄、白色为主色调，对老街区的街道、人行道、沿街墙面等进行整修，恢复其建筑风貌，统一店铺招牌风格，营造独具特色的客家风情一条街。

修缮复原，还原历史

片段充值，局部更新

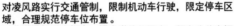

## ·联动

### 道路梳理

对凌风路实行交通管制，限制机动车行驶，限定停车区域，合理规范停车位布置。

对巷道进行适当拓宽，提高道路便民度，留出公共空间营造舒适的商业环境。

**敞**

现状：街口狭窄，街区仅现冰山一角

改造：开敞街口，展示街区魅力

**解**

现状：街道封闭，特色空间被隐藏

改造：解开街道，串联街区

**梳**

现状：私搭乱建，街巷被阻

改造：梳理街巷，提高街区通

**留**

现状：巷道空间过长，过于呆

改造：适当空出街巷的开敞空间

### 天际线更新

对凌风路骑楼加建进行整顿更新，拆除对特色骑楼影响较大的部分加建建筑，凸显历史建筑。

过去

现在

未来

更新前　　　　　　　更新后

### 活动更新

充分发挥公服的人群集散作用，加强骑楼商业街与学宫、图书馆、老人大学的互动，通过活动营造等方式增加人流，促进商业发展。

公服活动营造　　周边延展互动　　片区联动更新

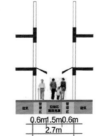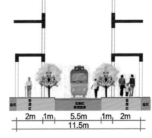

0.6m 1.5m 0.6m　　　2m　1m　5.5m　1m　2m
2.7m　　　　　　　　　11.5m

**金山顶城市设计**

金山顶公园

纺织厂创意园

金山顶博物馆

水思源历史街

木思本休闲驿站

迎春居

文魁

进士第
老幼活动中心

平安老人社区

化胎公园

社区公共服务站

骑楼文化街
观光驿站

城市休闲驿站
及
客家工匠工作坊

凌西京兆堂

城市文化公园

学宫

黄氏宗祠

客家工艺
文化博物馆

# 1.历史街区改造

统历史肌理被破坏，筑总体质量低下生活能落后

疏通历史街区升级改造消极空间

生成驻留驿站，联动升级成为历史街区

# 2.迎春居改造

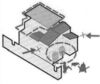 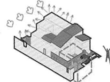 

有公共空间消极存，建筑总体质量低下活动能落后

活化公共空间拆除部分破坏严重建筑

结合城市驿站联动升级成为休闲驿站

# 3.旧纺织厂改造

有建筑失去原本设计能，空置率高

活化公共空间拆除部分破坏严重建筑

结合城市驿站联动升级成为社区组团

# 4.进士第改造

围龙屋能见度低生活设施配套不全面

疏通历史街区对围屋进行升级改造

引入积极空间创造互补功能联动周围建筑

# 5.平安托老院激活

老院孤立存在功能低下周围存在大量低使用率积率建筑

养老院与废旧建筑结合引入公共空间改善生活质量

部分废弃建筑改造为城市驿站及其他社区服务类建筑

# 6.骑楼街空间激活

骑楼街底层商业良好垂直空间利用率低

活化二层功能顶层引入屋顶花园

结合社区单元扩展功能形成联动

# 7.凌西京兆堂加建部分改造

历史街道肌理被破坏城市通达性降低

拆除并改造部分加盖建筑结合京西兆堂置入公共空间

生成城市驿站联动历史建筑与公共场所

# 8.黄氏宗祠加建部分改造

 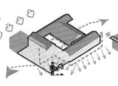 

历史建筑肌理被破坏城市通达性降低

拆除并改造部分加盖建筑结合黄氏宗祠置入公共空间

生成城市驿站联动文化建筑与公共场所

# 8.城市公园激活

骑楼街底层商业良好垂直空间利用率低

活化二层功能顶层引入屋顶花园

结合社区单元扩展功能形成联动

轴线激活

景观轴线联动城市南北绿地
同时通过景观轴联动周围区域

有轨电车系统联动慢行系统
各个激活区域引入次级公共交通系统联动

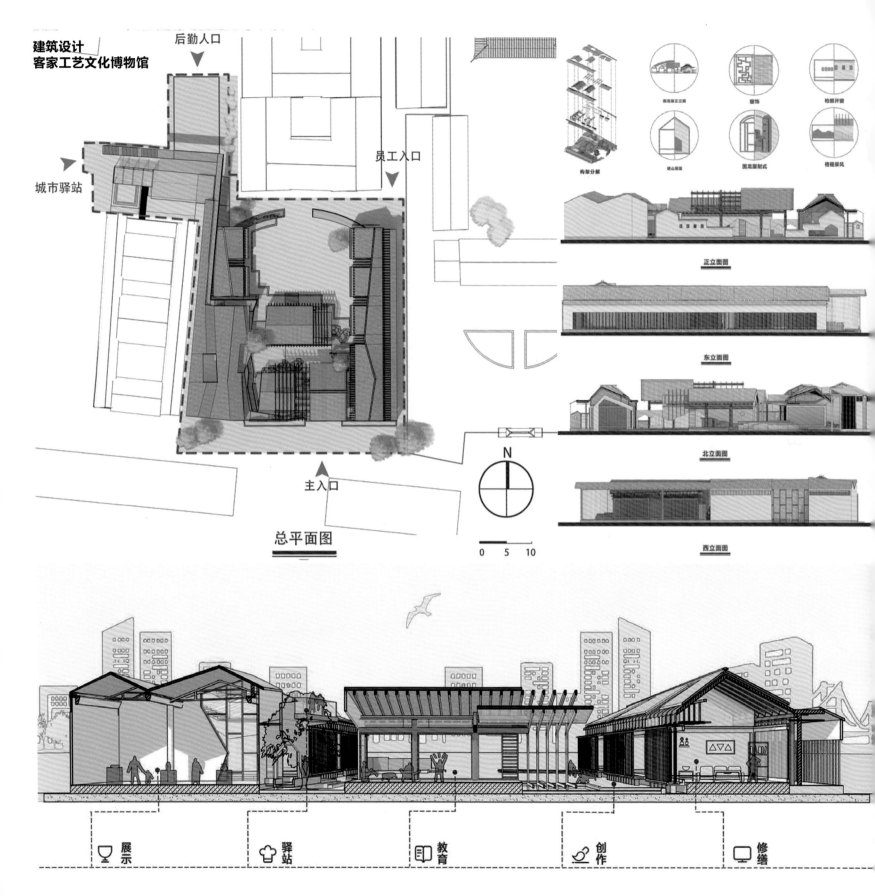

建筑设计
客家工艺文化博物馆

后勤入口

城市驿站

员工入口

主入口

总平面图

N

0  5  10

构架分解

硬山墙面

图龙屋制式

回龙屋正立面图

窗饰

枪眼开窗

格栅屏风

正立面图

东立面图

北立面图

西立面图

展示  驿站  教育  创作  修缮

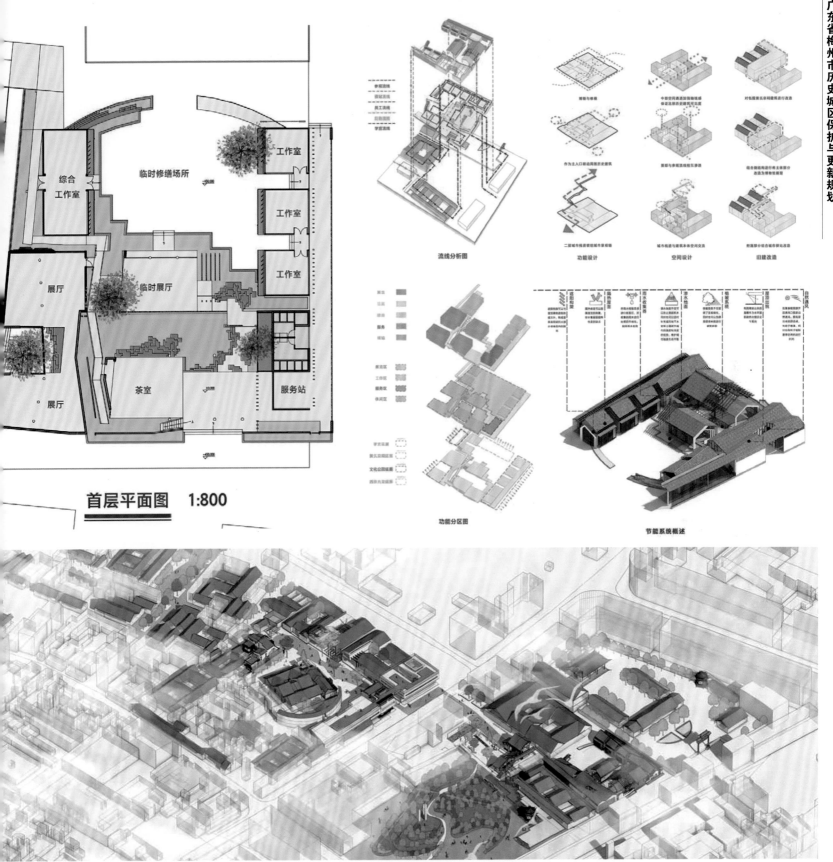

首层平面图　1:800

流线分析图

功能设计

空间设计

旧建改造

功能分区图

节能系统概述

老幼活动中心局部改造——化胎花园

城市绿地改造——文化广场及城市驿站

老幼广场效果图——托管中心

客家工艺文化博物馆——后院

客家工艺文化博物馆——门厅

驿站公园效果图

## 中山路城市设计

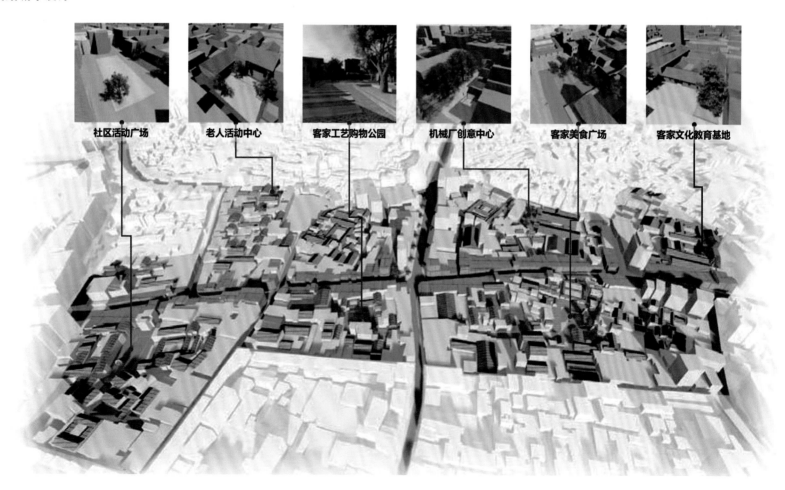

社区活动广场　　老人活动中心　　客家工艺购物公园　　机械厂创意中心　　客家美食广场　　客家文化教育基地

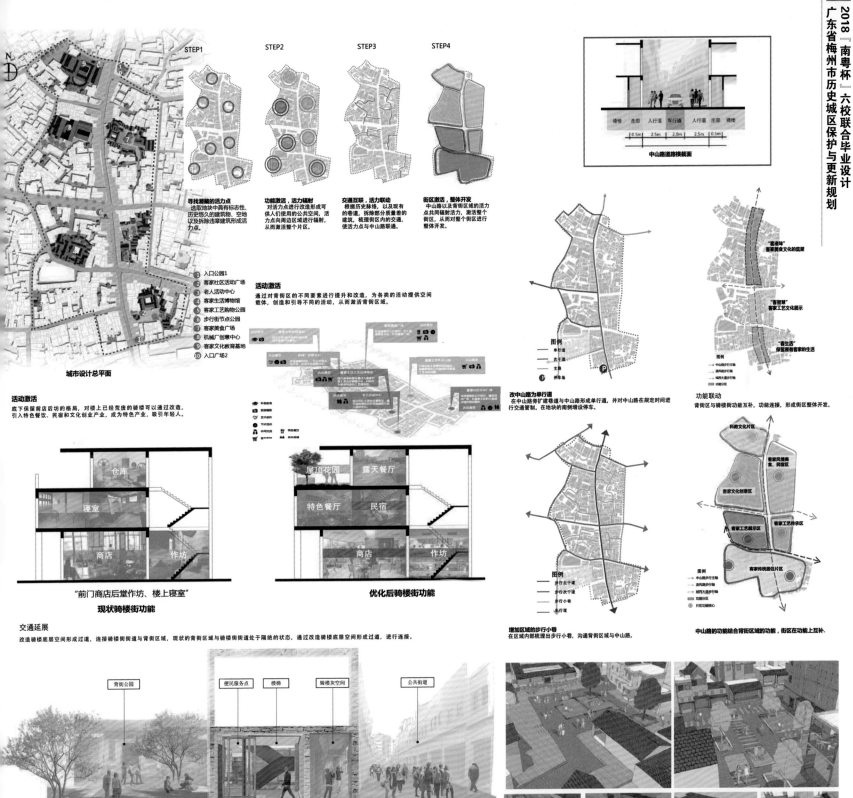

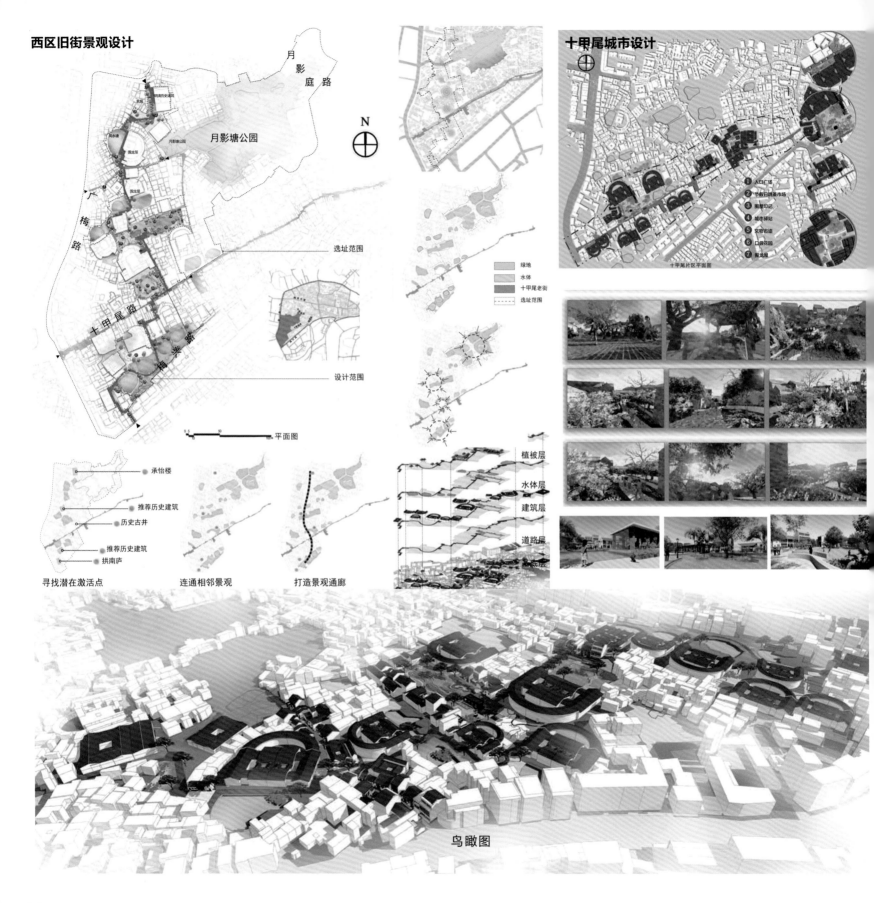

西区旧街景观设计

月影庭路

月影塘公园

N

选址范围

设计范围

绿地
水体
十甲尾老街
选址范围

平面图

承怡楼
推荐历史建筑
历史古井
推荐历史建筑
拱南庐

寻找潜在激活点　　　连通相邻景观　　　打造景观通廊

植被层
水体层
建筑层
道路层

十甲尾城市设计

① 入口广场
② 节假日跳蚤市场
③ 围屋印记
④ 城市驿站
⑤ 文物街迹
⑥ 口袋花园
⑦ 围龙屋

十甲尾片区平面图

鸟瞰图

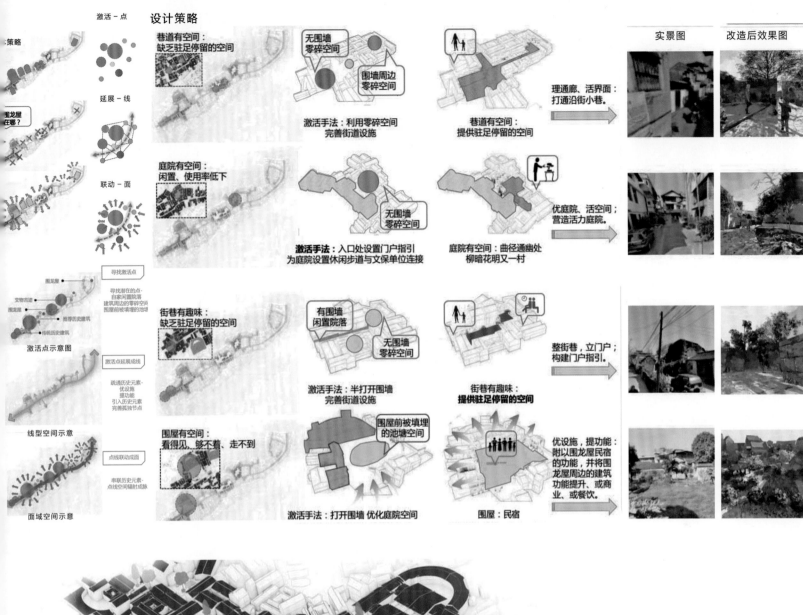

激活 - 点

延展 - 线

联动 - 面

激活点示意图

寻找激活点

激活点延展成线

线型空间示意

点线联动成面

面域空间示意

## 设计策略

**巷道有空间：**
缺乏驻足停留的空间

无围墙
零碎空间

围墙周边
零碎空间

理通廊、活界面：
打通沿街小巷。

巷道有空间：
提供驻足停留的空间

**庭院有空间：**
闲置、使用率低下

无围墙
零碎空间

优庭院、活空间；
营造活力庭院。

**激活手法：** 入口处设置门户指引
为庭院设置休闲步道与文保单位连接

庭院有空间：曲径通幽处
柳暗花明又一村

**街巷有趣味：**
缺乏驻足停留的空间

有围墙
闲置院落

无围墙
零碎空间

整街巷，立门户；
构建门户指引。

**激活手法：** 半打开围墙
完善街道设施

街巷有趣味：
**提供驻足停留的空间**

**围屋有空间：**
看得见、够不着、走不到

围屋前被填埋
的池塘空间

优设施，提功能；
附以围龙屋民宿
的功能，并将围
龙屋周边的建筑
功能提升、或商
业、或餐饮。

**激活手法：** 打开围墙 优化庭院空间

围屋：民宿

实景图　改造后效果图

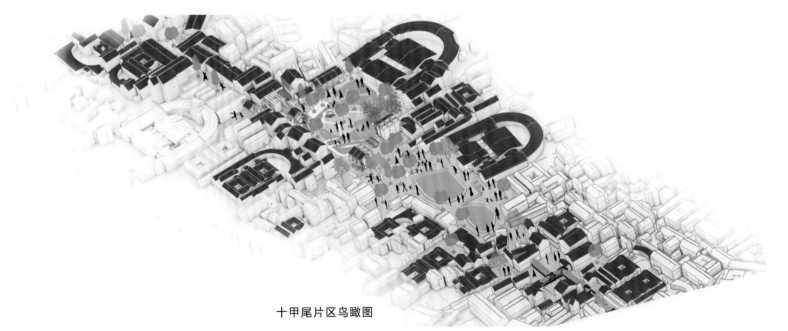

十甲尾片区鸟瞰图

黄莉　　麦桦倬　　　胡国兰　　刘钰琪　　钱欣　　冯宁珺

陈华辉

佛系继承者

## 麦桦倬

第一次多专业合作，第一次做联合毕设的大组长，很多第一次献给了大学生涯的最后一次设计。有过对庞大工作量感受的压力，有过焦虑，有过对别的优秀同学的崇敬，有过小组合作的激情。听到漆老师在活动最后说"以后你们就有六所母校了"确有一瞬间的热泪盈眶之感。希望所有的伙伴们以后都可以做喜欢的事情，热爱着正在做的事情。

## 刘钰琪

六校联合毕业设计给了我一段难忘的经历，三个专业组成一个新的组合使我们规划的同学对景观和建筑有了新的看法与见解，更给了我们一个机会互相磨合。在整个作品的完成过程中，专业间互补，使我们完成了一个较为完整的设计。在六个学校的交流过程中，得知不同学校的教学特色，认识到自己的不足的同时，也能够发现自己的一些优势，同时经过梅州调研、昆明集中营、成都汇报三个不同地方的集体体验，丰富了我在大学最后一年的生活，这是一个非常美好的体验与记忆。

## 胡国兰

有幸在六校联合毕设中结识到这么多优秀的小伙伴，大家都在为同一个目标而努力奋斗，那些一起开会讨论、熬夜画图的日子都深深留在脑海中成为珍贵的回忆。而且在合作的过程中也认识到了不同专业会从不同角度看待问题，需要相互的理解、接纳不同的意见。希望未来的日子里have courage & to be kind。

## 冯宁珺

调六校毕设就这样过去，留下了感动与深思。城市现实与规划设想的碰撞，文化历史与现代设计的融合，如何才能取二者的平衡而为之，是我们应该思考与实践的。感谢这次六校交流的机会，让我看到了对于城市更新设计的更多的可能性，也感受到了大家对这个专业那种不忘初心的热情。感动，感恩。

## 钱　欣

我们何其平凡，而又何其幸运。本科结束前，抓住了幸运的尾巴，参加了六校联合毕设，经历了梅州、昆明、成都之"旅"，见到了天南海北很多优秀的朋友，认识了许多有趣的灵魂，让我们得以敞开视野，在更高的平台上聆听老师们的教诲。但，这也只是我们学习路上的一次总结及考验，在最后的聚餐中就能够深刻的感受到，天南海北，这真的可能就是我们的最后一面了。未来的路还有很长，祝我们都能够不忘初心，各自安好。

## 黄　莉

感谢六校的相遇，各科同学的相互协助，让我重新审视自己的设计出发的目光。建筑设计不以人为本，则失去其价值，人对建筑不加以尊重，则失去其历史。二者相辅相成，求学探索之路漫漫矣。

## 陈华辉

这次的毕业设计是人生一次很独特的体验。我们在设计的路上走着，认识了很多高校志同道合的朋友。从开始的陌生到最后的惜别，这是一个很美好的回忆。谢谢优秀的老师，谢谢优秀的队友，谢谢优秀的朋友，谢谢支持过帮助过我们的人。感恩。

# 聚·万家

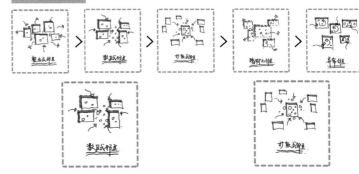

## 小家关系

当地晚清举人丘植在《槐庭诗集》中写道：

灵叨人烟聚，
宜种万家桑。

**优势：** 内部相处和谐，归属感较高，有较好单元环境

**优势：** 有私密的个人空间，有组织性纪律性

**劣势：** 对外交流度较低，更新发展较滞后

**劣势：** 被动交流，无归属感和领域感

| 客 | 体现 → | 家 | ← 依托 | 情 |
|---|---|---|---|---|
| 相对自我封闭的概念 | | 小家组织结构松散，家与家之间的联系薄弱 | | 依托于家上，相对狭义的情感 |

重塑社会邻里关系

使单姓聚居变成多姓来往

## 区位

梅州是客家人比较集中的聚居地之一，被誉为"世界客都"。

地处粤东北山区，是国家次沿海发展轴上沿海向内陆辐射的重要跳板和节点。

与珠三角、潮汕地区联系较为便捷，有多种交通方式，但与珠三角的距离在3.5小时以上，至海西经济区的厦门、福州等地区则在3.5～5小时之间，难以直接受珠三角、海西等地区的经济辐射。

## 设计目标

实现"家的回归　邻里交流　社区和睦"

### 宜居旧城

| 改善居住环境 | 提高居住品质 | 保护历史文化 |
|---|---|---|

为未来发展留有空间

| 居民回归 | 旅游业发展 | 非居住功能的混合 |
|---|---|---|

## 大家关系

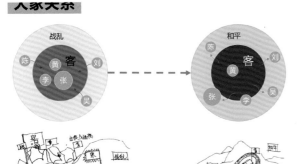

战乱年代，客家人为躲避战乱，大家团结共进退，寻求新的避难之地，建立新的家园。

和平年代，大家各自建立自家氏族的围屋，客家人分散为小家，为了各家的利益所争斗，社会大环境缺乏凝聚力。

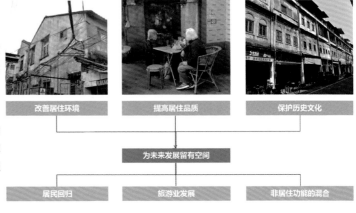

## 迁移路线

"客"是与"主"相对而言的。所谓"客家"是因为连年的战乱让客家先民备受蹂躏，为了避难求生，被迫离乡背井、客居他乡。

中原人自东晋时代起南下避难，在历史上经历了五次大迁徙，完成了从中原向南方迁徙和从闽粤赣向外迁徙的过程。

因多住山区，与外界极少来往，对当地认同感不足，对外先相对排斥。

## 现存优势

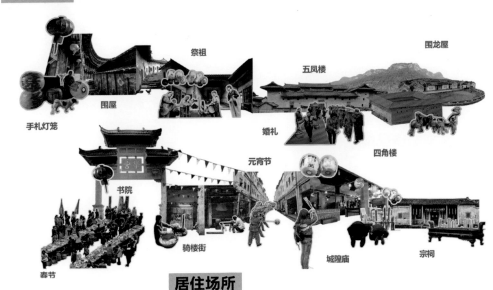

围屋　手札灯笼　祭祖　五凤楼　围龙屋　婚礼　四角楼　书院　元宵节　骑楼街　城隍庙　宗祠　春节

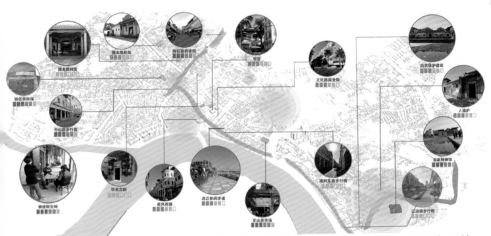

主要公共空间较为集中，未能很好满足人们社区内部日常交互活动。且现有公共空间普遍活力度较低。

建筑形式及建筑功能未能很好满足现代居住需求

围龙屋

骑楼街

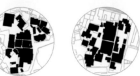  

普通建筑

建筑形式及建筑功能未能很好满足现代居住需求

建筑形式及建筑功能未能很好满足现代居住需求

## 居住场所

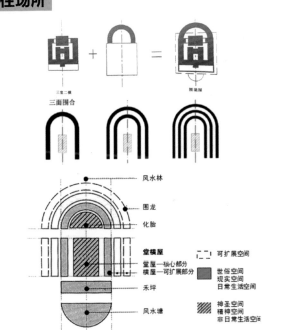

三堂二横　照壁屋
三面围合

风水林
围龙
化胎
堂横屋
堂屋—核心部分
横屋—可扩展部分
禾坪
风水塘

可扩展空间
世俗空间
现实空间
日常生活空间
神圣空间
精神空间
非日常生活空间

## 设计理念

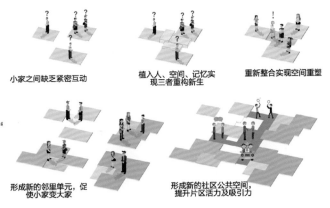

小家之间缺乏紧密互动　　植入人、空间、记忆实现三者重构新生　　重新整合实现空间重塑

形成新的邻里单元，促使小家变大家　　形成新的社区公共空间，提升片区活力和吸引力

## 空间策略——重聚

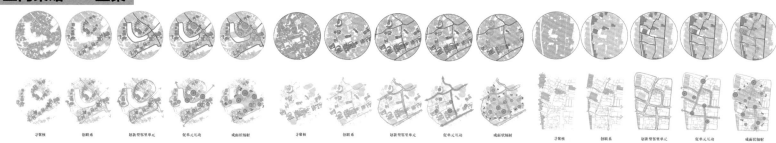

寻聚核　创联系　刻新型聚里单元　促单元互动　或面状辐射　　寻聚核　创联系　刻新型聚里单元　促单元互动　或面状辐射　　寻聚核　创联系　刻新型聚里单元　促单元互动　或面状辐射

## 整体片区活动组织策划——圩日

集印章

原生态住区

历史建筑

共享公寓

2、中山路特色商贸片区

3、攀桂坊旅游片区

1、历史原生居住区

著名小吃店铺

历史建筑

青年公寓

历史建筑

旅游核心服务区

特色小吃

1、历史原生居住区

2、中山路特色商贸片区

3、攀桂坊旅游片区

体验住宿名额抽奖资格

## 产业发展策略——多业融合

历史文化名城　+　客家传统手工艺

 布艺
 纸伞
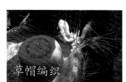 草帽编织
 草鞋编织

历史文化名城　+　美食

 酿豆腐
 盐焗鸡
 炸物
 腌面

历史文化名城　+　系列
大型实景表演
【又见客人】
【印象客家】

 水上演出

 室内演出

## 运营策略——历史文化名城开发策略

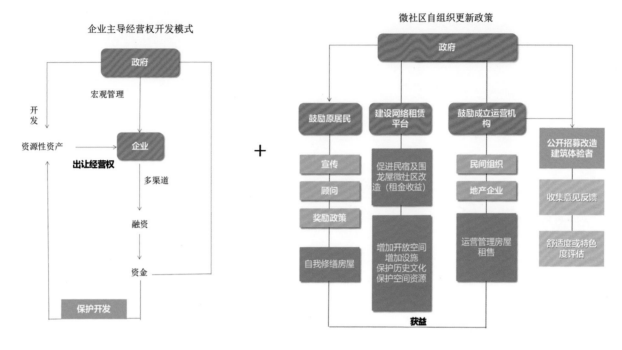

"政府主导+企业介入+居民参与"

企业主导经营权开发模式

微社区自组织更新政策

## 运营策略——渐进式社区营造策略

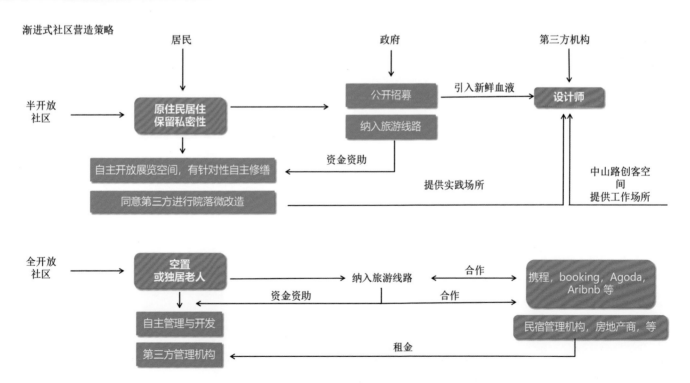

渐进式社区营造策略

## 整体城市设计总平面图

# 重点地区城市更新设计　历史原生居住区

**设计目标：** 此片区位于西街历史文化风貌区范围内，用地面积34公顷，现存大量历史建筑及人文历史风貌为其塑造成个性鲜明的历史风貌区提供良好的基础，以历史文化休闲为导向，构建起步行为主的慢行系统，串联起各个特色文化休闲公共空间，提升居民居住品质延续当地居民的生活场景同时展现客家历史文化，形成展现本土生活的**历史原生居住区**

## 建筑改造模式

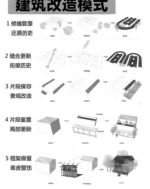

1 修缮复原
　还原历史

2 缝合更新
　衔接历史

3 片段保存
　景观改造

4 片段重置
　局部更新

5 框架保留
　表皮整饰

二层休憩阳台

增设外檐及生活性商铺
活动空间

增设开窗

休闲绿地

改造后

## 慢行系统

道路断面图

梳理内部路网关系，打通巷道，完善道路系统串联起社区公共空间及基础服务设施。在社区外围布设停车设施

24

## 总平面图

西街平面图

0 10 20 40 80m

## 结构生成

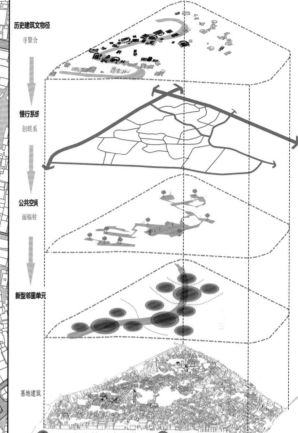

历史建筑文物径
寻聚合

慢行系统
创联系

公共空间
面辐射

新型邻里单元

基地建筑

1 西来庵炮楼历史展览
2 传统工艺作坊
3 健身休闲中心
4 历史光影廊
5 田园农耕
6 街角公园
7 大觉寺
8 口袋花园
9 节孝牌坊
10 民俗体验馆
11 亲水平台
12 戏台
13 文化景墙
14 琴乐会
15 圩日小径
16 社区中心
17 茶室
18 老年人活动中心
19 书画中心
20 西巢四点半学堂
21 棋牌中心
22 24小时自主图书馆
23 跳蚤市场
24 解忧编辑室
25 休息廊架
26 自如客居

## 节点设计

1 茶室风韵

2 社区广场

## 人群活动

## 整体城市设计总平面图

## 公共空间改造手法

对空间类型进行梳理，结合当地的历史、自然环境、肌理、空间形态等各种条件，并植入新的功能，形成更有活力的公共空间，吸引更多的人进入，通过功能置换形成的新的公共空间，可以向人们展示其客家的历史文化。

1 围龙屋内庭院      2 水塘公共空间

3 社区组团绿地空间

4 沿湖公园空间

### 客家传统印记提取

#### ①【石楣杆】

石楣杆象征着客家人从古至今的激流勇进和人才辈出。而现今不再代表个人或家族的荣誉，而具有更普遍的意义，即客家人崇文重教的精神，将其作为主要的纪念性元素置入公园的设计之中。

#### ②【围龙屋元素小品】

围龙屋在客家传统文化中独具特色，凝聚了客家文化历史内涵，成为了客家广大民众的精神家园，提取围龙屋的屋顶作为元素，穿插进入景观设计之中，唤醒客家记忆。

#### ③【文化柱】

文化柱作为最直观的文化承载体，具有直观的解读文化的优势，将其作为线性空间穿插入设计之中。

#### ④【铺装】

地面的铺装应尊重梅州地区的本土文化特征以及期望，即整体协调统一，含蓄内敛，符合梅州的整体定位。

选用梅州当地的花岗岩，木，条石等材料，注重保持与地块内以及附近的建筑风格相互协调。

公园铺装      小广场铺装

#### ⑤【万家灯火聚万家】

将红灯笼置于公共休息交往空间，为人们提供标志性的象征，同时取其寓意以聚万家。

#### ③【客家乡土植物】

基调树种

| 杉木 | 金银花 | 毛竹 | 榕树 | 山茶 | 桂花 |
|---|---|---|---|---|---|

特色植物

| 梅 | 荔枝树 | 苹果树 | 阴香 | 荠 | 柏树 |
|---|---|---|---|---|---|

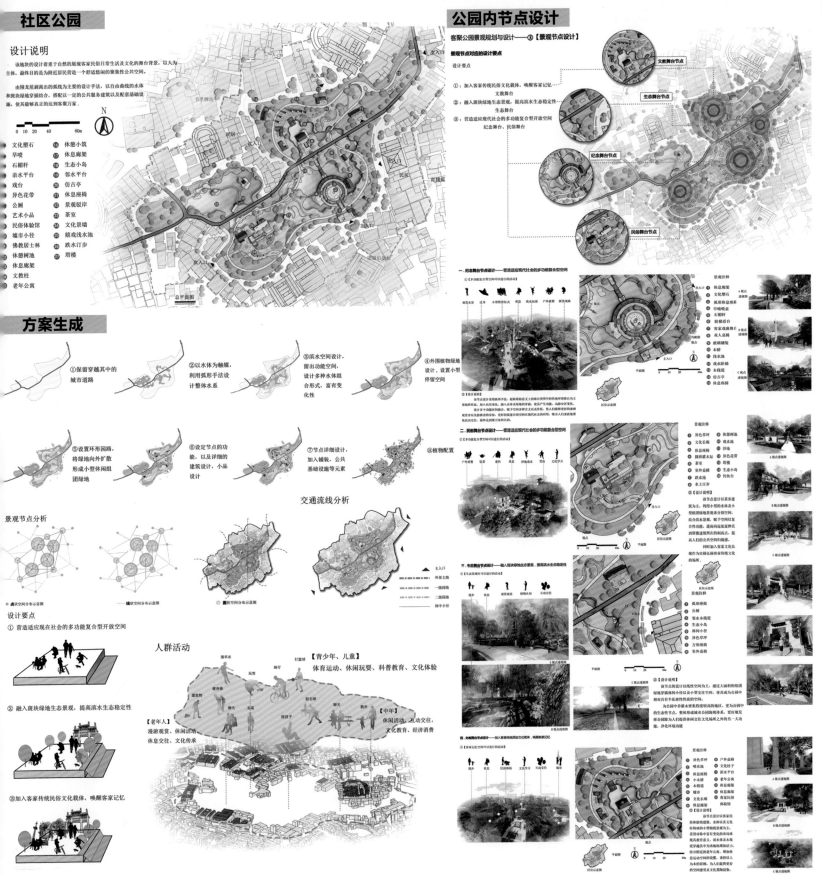

# 社区公园

## 设计说明

该场地的设计着重于自然的展现客家民俗日常生活及文化的舞台背景，以人为主体，最终目的是为附近居民营造一个舒适悠闲的聚集性公共空间。

由围屋屋顶剥离出的弧线为主要的设计手法，以自由曲线观水水体和斑块绿地穿插结合，搭配以一定的公共服务建筑以及配套基础设施，使其能够真正的达到客聚万家。

| 文化塑石 | 休憩小筑 |
|---|---|
| 旱喷 | 休息廊架 |
| 石栅杆 | 生态小岛 |
| 亲水平台 | 邻水平台 |
| 戏台 | 仿古亭 |
| 异色花带 | 休息座椅 |
| 公厕 | 景观驳岸 |
| 艺术小品 | 茶室 |
| 民俗体验馆 | 文化景墙 |
| 城市小径 | 嬉戏浅水池 |
| 佛教居士林 | 跌水汀步 |
| 休憩树池 | 塔楼 |
| 休息廊架 | |
| 文教柱 | |
| 老年公寓 | |

总平面图

# 方案生成

①保留穿越其中的城市道路

②以水体为触媒，利用弧形手法设计整体水系

③滨水空间设计，留出功能空间，设计多种水体组合形式，富有变化性

④外围植物绿地设计，设置小型停留空间

⑤设置环形园路，将绿地向外扩散形成小型休闲组团绿地

⑥设定节点的功能，以及详细的建筑，小品设计

⑦节点详细设计，加入铺装，公共基础设施等元素

⑧植物配置

## 景观节点分析

## 交通流线分析

主入口
外基主路
一园园路
二园园路
园中小径

## 设计要点

① 营造适应现在社会的多功能复合型开放空间

② 融入斑块绿地生态景观，提高滨水生态稳定性

③ 加入客家传统民俗文化载体，唤醒客家记忆

## 人群活动

【青少年、儿童】
体育运动、休闲玩耍、科普教育、文化体验

【老年人】
漫游观赏、休闲活动、休息交往、文化传承

【中年】
休闲活动、互动交往、文化教育、经济消费

# 公园内节点设计

## 客聚公园景观规划与设计——③【景观节点设计】

### 景观节点对应的设计要点

设计要点

① 加入客家传统民俗文化载体，唤醒客家记忆
文教舞台

② 融入斑块绿地生态景观，提高滨水生态稳定性
生态舞台

③ 营造适应现代社会的多功能复合型开放空间
纪念舞台、民俗舞台

文教舞台节点
生态舞台节点
纪念舞台节点
民俗舞台节点

一、纪念舞台节点设计——营造适应现代社会的多功能复合型空间

二、民俗舞台节点设计——营造适应现代社会的多功能复合型空间

三、生态舞台节点设计——融入斑块绿地生态景观，提高滨水生态稳定性

四、文教舞台节点设计——加入客家传统民俗文化载体，唤醒客家记忆

# 重点地区城市更新设计 · 中山路特色商贸区

## 方案生成

**STEP1**
寻聚核，营造主要公共空间

**STEP2**
创联系，塑街巷空间

**STEP3**
划新邻里单元，形次要公共空间

**STEP4**
丰富院落空间，促邻里联系

## 设计说明

本次设计旨在保护"前店后坊"空间格局及历史风貌。保护中山路"前门商店后堂作坊、楼上寝室"空间格局，保证沿街界面历史风貌的连续性与完整性。通过创建不同类型的公共活动空间促进人们日常生活的互动，通过部分建筑功能的转换及老旧建筑的重新利用综合提升片区活力。提供戏台、骑楼微博物馆等传统文化相关活动空间使特色客家元素融入人们日常生活中。

## 骑楼功能重构

**传统骑楼** "零售＋居住"

**新型骑楼单元**
"酿酒制作体验＋零售" "戏台＋微型戏剧博物馆"

"零售＋创客＋居住" "画廊＋文化室＋创客" "零售＋文化室＋茶室"

### 骑楼重构设想图

## 总体规划设计

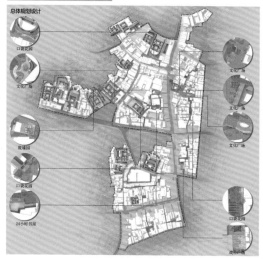

总体规划设计
口袋花园
文化广场
文化广场
废墟园
口袋花园
24小时书屋
文化广场
口袋花园
戏书广场

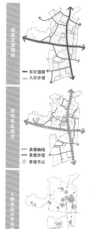

沿街文化博物
骑楼系统规划

车行道路
人行步道

景观系统规划
景观轴线
景观步道
景观节点

人群活动分布规划
本地居民
外地游客

**BEFORE**

**AFTER**

## 人群活动策划

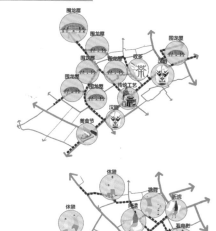

## 圩日活动策划

利用片区内特色骑楼空间

公开招募片区内特色小吃店铺

形成活跃行走路线

增加非物质文化遗产，如盐焗鸡技艺、傀儡戏、根雕等展销区

构建戏台等传统特色空间，丰富行走体验使传统文化融入人们日常生活当中。

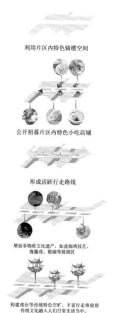

## 建筑改造与节点设计

### 废墟园·节点改造设计

改造手法

骑楼时间变化

### 24小时书店·节点改造设计

改造手法

茶室　展示墙　雕塑平台

光影墙　水景墙　景观池　24小时书屋

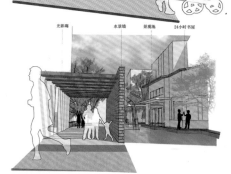

健身

读书

打太极

聊天

遛狗

看电影

叹茶

文化广场节点改造设计

文化广场节点改造设计

口袋花园及街角绿地 节点改造设计

SITE

充分利用保存完好的历史建筑作为景观资源，在历史建筑周边利用弧形景观元
素设置文化广场，与围龙屋的弧墙相呼应使得整体风貌协调的同时也使得文化广
场更为活跃。文化广场的功能是复合多变的，在白天可以作为休憩场所及表演
舞台，晚上可转换为露天电影观赏区。

MORNING
游憩
表演

戏台

亭台
荷花池

历史建筑
绿植带

休憩廊
古木

光影廊道
荷花池
休息平台

EVENING
看电影
聊天

客家记忆涂鸦墙

历史建筑

休憩廊

景观墙

# 骑楼微体验博物馆改造

**开放**

对城市空间开放，为周边居民提供休闲、交流的公共空间，有助于促进居民之间的沟通，消弱小家与小家之间的隔阂。

**人文**

结合美洲的传统特色文化和工艺，为居民和游客提供体验性的文化宣传和交流，使人们在体验过程中了解梅州当地传统文化。

**意趣**

打破骑楼建筑室内的长进深、条状建筑空间的刻板印象，营造丰富有趣的室内空间，增加空间体验的意趣。

**聚核**

利用骑楼街破旧的建筑进行改造更新，为周边居民和游客提供休闲和文化体验项目。一处处的骑楼更新改造将成为一个个凝聚小家、大家的聚核，最终辐射至片区内形成联动，达到聚万家的目的。

空间组成更新

 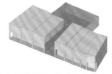  

梳理建筑的框架结构，整理建筑承重结构

根据结构现状，拆除部分危房，划分室内外分区

室外空间补充口袋花园提供室外活动场所，建立标识入口

室内空间植入不同功能

平面构成更新

原有的室内空间划分拥挤呆板

室内空间平面上引入弧线进行挖空，活跃空间

在垂直方向上用弧墙加楼梯的手法贯通一二层

立面构成更新

原有立面表达较单调平淡

一层引用玻璃门和镂空的砖艺墙和瓦片墙来丰富元素

使用现代手法丰富二层立面开窗形式，为居民自主改造提供参考

丰富立面细节，补充窗台、细化窗框等

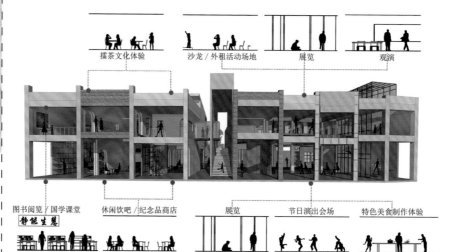

擂茶文化体验　沙龙/外租活动场地　展览　观演

图书阅览/国学课堂　休闲饮吧/纪念品商店　展览　节日演出会场　特色美食制作体验

静态生态

------- 垂直流线
——— 水平流线

# 民宅公寓改造

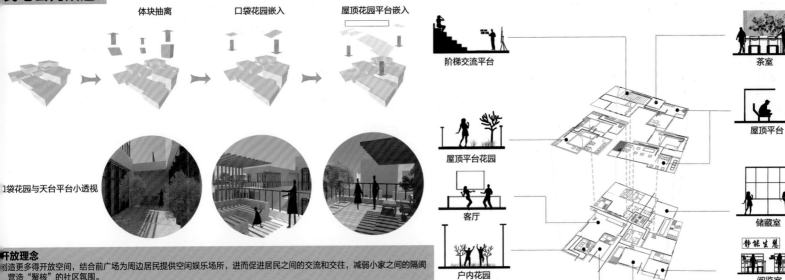

体块抽离　　口袋花园嵌入　　屋顶花园平台嵌入

阶梯交流平台　　茶室
屋顶平台花园　　屋顶平台
客厅　　储藏室
户内花园　　静能生态　阅览室
书画室　　流线分析　茶室

口袋花园与天台平台小透视

**开放理念**
创造更多得开放空间，结合前广场为周边居民提供空闲娱乐场所，进而促进居民之间的交流和交往，减弱小家之间的隔阂营造"聚核"的社区氛围。

**空间形态**
打破小家之间互相独立的模式，营造有趣多样的交流空间和室外休憩平台，增强各个空间之间的试先交流与联系，提高空间体验趣味。

**整体理念**
希望利用破旧的几个小家来"聚核"成一个社区单位，即该地区的一个活跃单元，结合城市规划方面提出的理论指导和建议，以点带面，为该区域提供改造参考和先例，进而对整个地区进行辐射联动，实现"聚万家"的大目的。

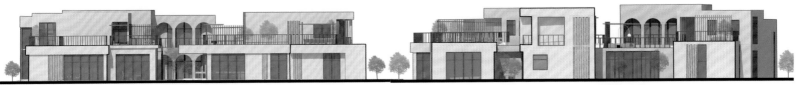

南立面图　　　　　　　　　　　东立面图

# 重点地区城市更新设计 · 攀桂坊旅游区

## 规划定位

【文化休闲旅游度假区】

美国建筑师Curtis J. Scharfenaker
真正的场所不在于大楼之间，而存在于人们值得

功能特色：历史文化名城生活方式体验

以【旅居】做氛围，以【休闲】做文化，以【商业】现生活

## 规划目标

多业融合 —— 主客融合 —— 城旅一体

历史名城 + 美食手工艺　　　【独】姓来往　　　建筑改造 + 功能置换

　　　　　　　　　　　　【多】姓来往

经济复兴 —— 文化复兴 ←—— 功能复兴

客【聚】万家

## 规划设计思路

活动策划 ——→ 提供【聚】的 可能性

文化遗产的创新与产业经营 ——→ 提供 精神上 的凝【聚】力

空间改造 ——→ 提供【聚】的 场所

## 活动策划

### 1. 原生居民活动

### 2. 游客活动

## 旅游线路设计

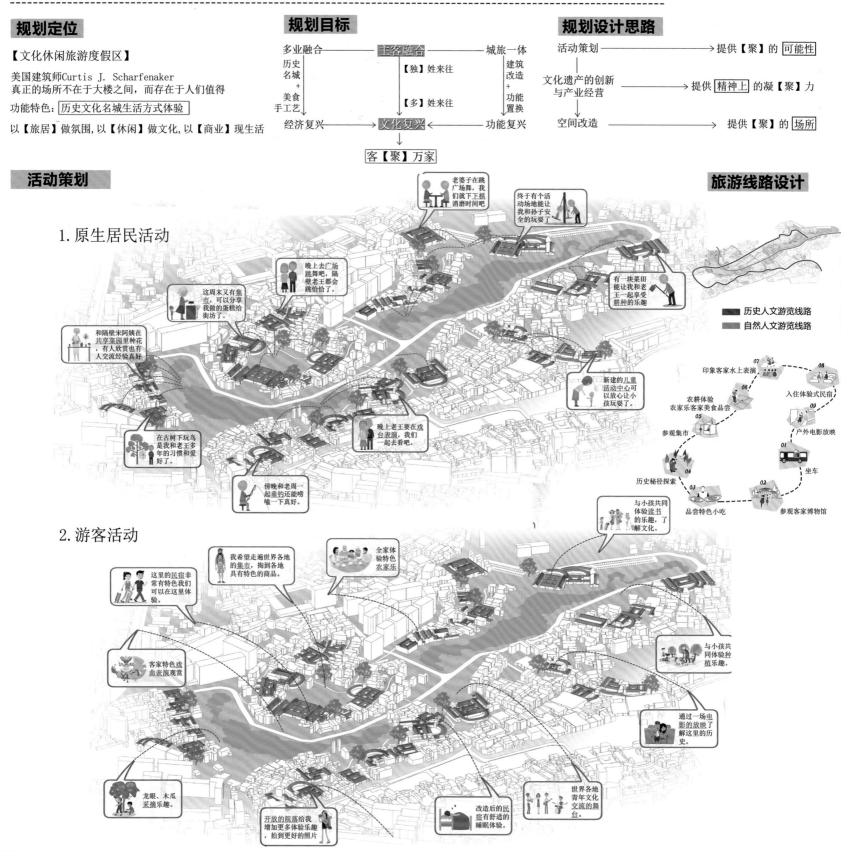

历史人文游览线路
自然人文游览线路

## 方案生成

文化公园

客家博物馆

寻找外部激活因素　　　　寻【聚合】　　　　创【空间】　　　　建【桥梁】

## 总平面图

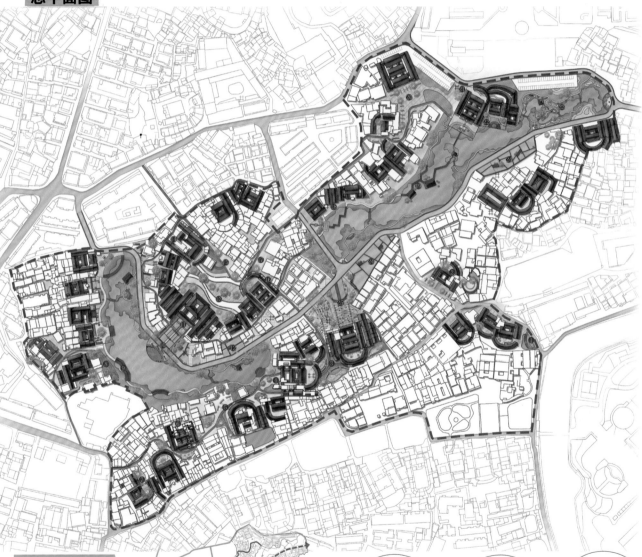

1.引导性小广场
2.游客服务中心
3.围屋场景
4.体验式民宿
5.户外放映场
6.体验式民宿及手工作坊
7.内院探秘
8.龙眼林采摘体验
9.廊桥观影
10.滨水舞台
11.文魁改造民宿
12.共享菜园
13.多功能广场
14.儿童活动中心
15.健身场地
16.光影长廊
17.儿童户外活动场地
18.农家乐
19.水上茶室
20.居民广场
21.岗子上八角井
22.听风书院
23.山水间
24.体验式农耕
25.圩日广场

## 道路交通规划

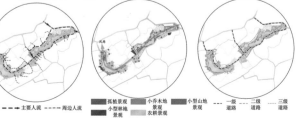

— 机动车道（应急）
--- 非机动车道
— 滨水步道
■ 停车设施

人文民俗体验区　农耕体验区　自然风景区

--- 主要人流　---- 周边人流

孤植景观　小乔木地景观　小型林地景观　小型山地景观　农耕景观

— 一级道路　二级道路　三级道路

## 节点设计

围墙【记忆】

野外聚餐

户外放映

社区广场

多功能【广场】——户外放映

共享【菜田】

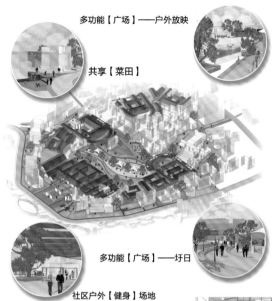

多功能【广场】——圩日

社区户外【健身】场地

## 历史探秘径建筑改造和节点设计

### 1.【禄善堂】建筑改造

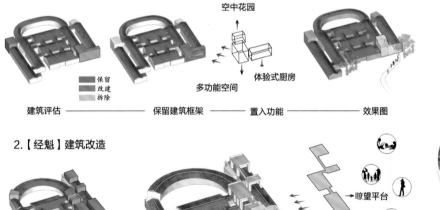

保留
改建
拆除

空中花园

多功能空间

体验式厨房

建筑评估 —— 保留建筑框架 —— 置入功能 —— 效果图

### 2.【经魁】建筑改造

置换
改建
拆除

建筑评估

空间提取

公共空间嵌入

瞭望平台

餐吧

家庭式民宿

### 3.【春菀堂】建筑改造

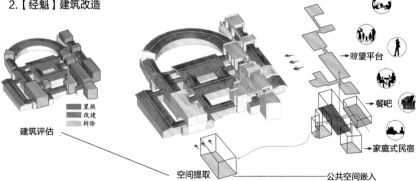

置换
改建
拆除

标志入口

手工体验坊

家庭式民宿

建筑评估 —— 空间提取 —— 公共空间嵌入

光影【记忆】长廊

【围屋】场景

聚【围屋】

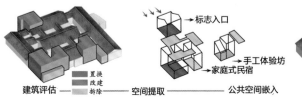

【记忆】放映

历史人文游览路径

34

## 自然风光游览线路概念设计——电影分镜

梅州戏语

节庆活动

农务耕种

客家茶话

书院乾坤

风水山间

客家茶话

风水山间

梅州戏语

节庆活动

客家茶话

书院乾坤

风水山间

农务耕种

----- 人文景观路径  ——— 自然景观路径  ● 电影分镜景观节点

## 自然风光游览线路节点设计

喷泉池
景观桥
景观墙
休闲草坪绿地
红灯笼景观

戏语广场
石榴杆
戏剧雕塑
大台阶
亲水戏曲舞台

戏语广场

亲水戏曲平台

共享菜地

节庆活动广场景墙

节庆活动广场

风水山涧

竹贤小院

农耕文化体验

客家茶居

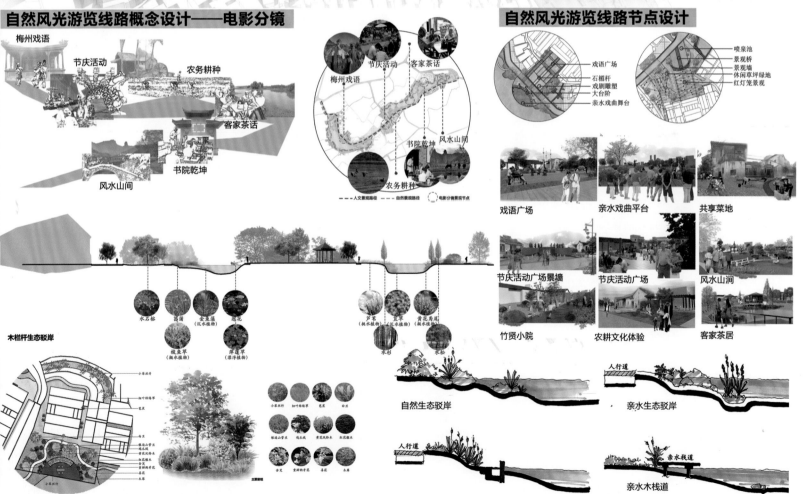

木栏杆生态驳岸

水石榕  菖蒲  金鱼藻（沉水植物）  荷花
梭鱼草（挺水植物）  浮莲草（漂浮植物）
芦苇（挺水植物）  茛草（沉水植物）  黄花鸢尾（挺水植物）
水杉  水松

自然生态驳岸

人行道  亲水生态驳岸

人行道

亲水木栈道

哈尔滨工业大学
Harbin Institute of Technology

**彭 珊**

很荣幸参与了六校联合毕业设计，作为大学期间最后一个设计，我从中学习到了很多。因为本身的专业并不是城市规划，所以在设计过程中遇到了许多困难，但也从中获益良多。在这段日子里，我们与其他五所学校的师生交流互动。我学习了很多，也充分了解到了自己的不足，特别感谢各位老师和领导们的指导，让我们从另一个角度认识设计。也感谢同学和朋友们的支持，陪伴在过程中，我们相互帮助，互相促进取长补短。最后感谢六校联合毕设为我的大学生活画下圆满的句号。

**苏靖媛**

感谢六校联合给我了这个机会，这是我做过最让我印象深刻的一个设计。四年时间里我们大部分的时间都在学习建筑和室内的设计，对于规划我知之甚少。也就从一开始调研都无从下手，终于最后在各位老师和同学的帮助下知道了一个正确的思维流程与方向。其间真的是获益良多，让我越发觉得不断学习的必要性。最后再次感谢毕设期间遇到的你们，感谢广东省规划院对项目的大力支持。

**王昕睿**

终于要毕业了，感谢同学的陪伴，感谢老师们的指导，也很开心遇到了很多有趣的人。同时深刻领会到了设计的真正含义：以人为本。文明改变了人类的住房，但没有同时改变住房里的人。愿不忘初心。

**罗 雯**

随着六校联合设计落下帷幕，我的大学生活也即将结束。我们来自遥远的北方，先后经历了梅州的调研，昆明的模型建造，成都的答辩，感谢各位组员的默契合作，感谢所有老师的倾情指导。这段时光收获颇丰，也将是我一生都难以忘怀的特殊记忆。

# 归来客

## 广东省梅州市历史城区保护与更新规划

指导老师：刘杰
作者：彭珊 苏靖媛 罗雯 王昕睿
学校：哈尔滨工业大学

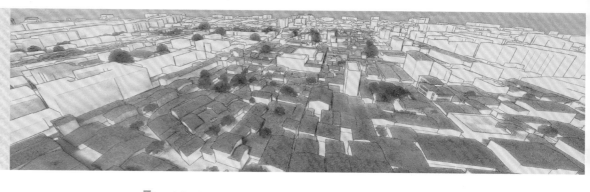

# 背景分析

## 政策背景分析

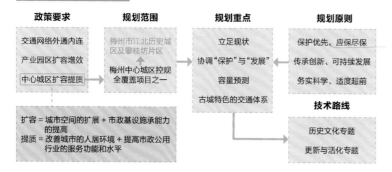

| 政策要求 | 规划范围 | 规划重点 | 规划原则 |
|---|---|---|---|
| 交通网络外通内连 | 梅州市江北历史城区及攀桂坊片区 | 立足现状 | 保护优先，应保尽保 |
| 产业园区扩容增效 | 梅州中心城区控规全覆盖项目之一 | 协调"保护"与"发展" | 传承创新、可持续发展 |
| 中心城区扩容提质 | | 容量预测 | 务实科学、适度超前 |
| | | 古城特色的交通体系 | |

扩容=城市空间的扩展+市政基础设施承载能力的提高
提质=改善城市的人居环境+提高市政公用行业的服务功能和水平

技术路线
历史文化专题
更新与活化专题

# 设计说明

中国的许多城市都具有悠久的历史，这些城市都是从古代的城市慢慢发展到现在的规模。有些城市已经看不到古时候的遗迹建筑，但依然能从城市肌理中依稀看到古城镇的风貌。而梅州则很幸运地保留了成一定规模的古建筑群。这份祖先的遗物既是麻烦也是机遇。因为中国现在正在加速推进城市现代化的建设，梅州的古城镇已越来越不能适应现代人的生活需求，但如果将古城镇进行合理的更新与改造，那么梅州的历史城区就会转变成为具有独特文化价值的集居住与旅游为一体的新兴城区，为梅州带来新的经济增长点，带动周边经济发展。本设计将探讨如何在保留地区特色和建筑风貌的同时，对古城区进行更新与活化。

## 区位关系

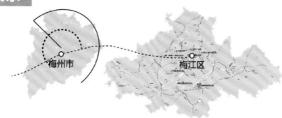

梅州是粤闽赣边区域性中心城市、全国生态文明建设试验区、广东文化旅游特色区，也是广东省的重要电力基地之一。梅州地势北高南低，兼有台地、丘陵、山地、阶地和平原五大类地貌类型，面积 15876.06 平方千米，下辖梅江区、梅县区、兴宁市、大埔县、丰顺县、五华县、平远县、蕉岭县2区1市5县，是全国重点侨乡之一，旅居海外的华人华侨达700多万，也是港澳台同胞的重要祖籍地之一，而台湾地区500万客家人中，就有180万祖籍在梅州。

## 历史沿革

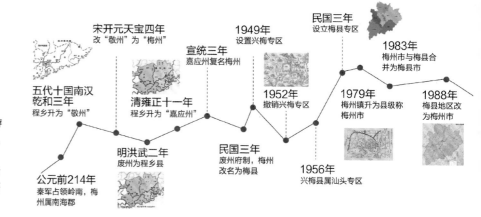

公元前214年 秦军占领岭南，梅州属南海郡

五代十国南汉乾和三年 程乡升为"敬州"

宋开元天宝四年 改"敬州"为"梅州"

明洪武二年 废州为程乡县

清雍正十一年 程乡升为"嘉应州"

宣统三年 嘉应州复名梅州

民国三年 废州府制，梅州改名为梅县

1949年 设置兴梅专区

1952年 撤销兴梅专区

1956年 兴梅县属汕头专区

1979年 梅州镇升为县级称梅州市

民国三年 设立梅县专区

1983年 梅州市与梅县合并为梅县市

1988年 梅县地区改为梅州市

## 上位规划

### 梅州市组团划分图

### 中心城区紫线控制图

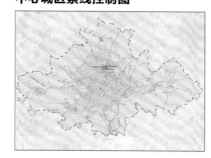

### 中心城区景观与风貌规划图

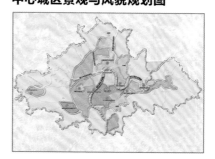

### 中心城区产业布局规划图

# 长期活动

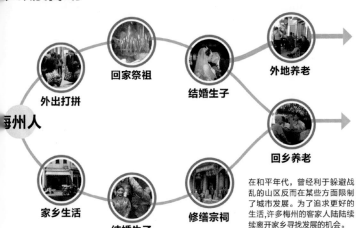

外出打拼 · 梅州人 · 回家祭祖 · 结婚生子 · 外地养老 · 家乡生活 · 结婚生子 · 修缮宗祠 · 回乡养老

在和平年代，曾经利于躲避战乱的山区反而在某些方面限制了城市发展。为了追求更好的生活，许多梅州的客家人陆陆续续离开家乡寻找发展的机会。但浓厚的寻根情怀，依旧会让离乡的梅州人在逢年过节时选择回乡探望。

# 交通联系

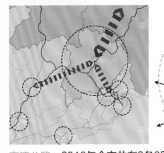 

普通公路：至2016年年底，全市公路通车公路里程达17705千米(含高速公路482千米)，公路密度达112千米每百平方千米。其中，国道808千米，省道783千米，县道1965.793千米，乡道10396.528千米，村道3217.997千米，专用公路51.707千米。

高速公路：2016年全市共有6条9段高速公路，通车里程达482千米，全市高速公路密度达3.04千米每百平方千米，实现"县县通高速公路"目标，打通3条通往福建、江西的出省快速通道，打通3条连接潮汕平原和珠三角的出市出海快速通道。

铁路：现有广梅汕铁路和梅坎铁路2条276千米，经梅州火车站的客货运输可以直达7个省会城市和40多个市、县(区)。目前，正加快推进梅州至汕头(梅汕高铁)、龙川至龙岩(双龙高铁)、瑞金至梅州3条高(快)速铁路的建设。

# 生态分析

## 气候条件

夏日长，冬日短
气温高、温差大
气流闭塞
雨水丰盈且集中

→ 高海拔作物较低海拔作物成熟较晚，利用时间差，可以推行反季节农产品，让农业经济效益有效提升。 → 适合发展立体生态农业

光照充足
气候宜人
环境质量好

→ 年平均气温为20.6～21.5℃，城市四面环山，空气清新 → 适合发展旅游业和养老居住区

暴雨
强对流天气
冻害

→ 无法避免的气候灾害 → 需加强防治水患

## 地质构造

花岗岩 · 喷出岩 · 变质岩

砂页岩 · 红色岩 · 灰岩

梅州市地处五岭山脉以南，全市85%左右的面积为海拔500米以下的丘陵和山地，故称八山一水一分田。梅州市地质构造比较复杂，主要由花岗岩、喷出岩、变质岩、砂页岩、红色岩和灰岩六大岩石构成台地、丘陵、山地、阶地和平原五大类地貌类型。

## 植被种类

龙柏 · 苏铁 · 华南毛蕨 · 油茶
翠云草 · 油杉 · 铁线蕨 · 地耳蕨
蕉岭含笑 · 马尾松 · 巢蕨 · 凤尾蕨
鹅掌楸 · 白兰 · 阴香 · 杏叶树

## 生态区域规划

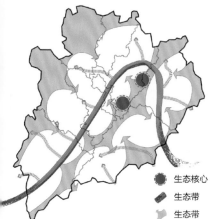

生态核心
生态带
生态带

构建科学合理的生态空间体系，明确城市生态安全底线区域，形成界线清晰、分布合理、永久保持的绿色开敞生态空间体系。到2030年，生态控制线划定面积占总面积的比例不少于70%。

构建全域生态安全格局。构建"一带、两核、三片、多廊道"的区域生态安全格局和"群山基质、蓝绿廊道、多点分布"的城市生态安全格局。

# 城区特色

## 特色产业

### 本地特产

黄金姜糖　　客家金柚　　客家梅干菜　　嘉应茗茶

### 传统工艺

船灯　　大埔陶瓷　　手工制茶　　泥塑

### 民俗文化

百侯龙珠灯会　　丰顺官溪春祭　　广东汉剧　　客家山歌

### 特色美食

客家酿豆腐　　客家盐焗鸡爪　　清汤双丸　　腌面

## 节日节气

# 现状分析

## 现状问题

渐隐的传统邻里
破败的城市空间
缺活力的商业中心
稀少的城市绿地
无人气的商业街
寂寞的祭祀学社
浪费的院落空间
亲水空间的缺失

## SWOT分析

### 优势

地处闽粤赣三省交界处，周边区域交通便利
自然气候条件适宜，文化底蕴浓厚，第三产业较为发达
是全世界最有代表性的客家人聚居地之一，也是著名的侨乡

改造区域内：

毗邻梅江，自然条件区位良好
位处老城中心区，公共设施齐全，类别数量丰富
历史资源丰富，类型多样
客家风貌特征良好
与城市功能区关系密切

### 劣势

政府和社会的资金投入不足，资源利用与转化的效果不佳
工业基础薄弱，基础设施滞后难以满足现有需求
生态脆弱，开发建设难度较大，且旅游产业开发水平较低，不够具有特色

改造区域内：

用地结构失衡，居住过多，绿地过少
古城保护利用不足，古城保护受到威胁，整体形象有待改善，周边风貌缺乏协调
缺乏公共空间，不利于居民相互沟通交流

### 机会

整个珠江三角洲处于转型升级的大环境中
政策上，加大对人才发展、创新创业团队的投入
交通上，新增数条高铁

改造区域内：

有成为特色古镇的潜力

### 挑战

资金不足制约发展，难以满足发展的需求
工业发展不足、城镇化进程滞后、县域经济发展不平衡
当地人对客家本土文化归属感日趋减弱，不利于可持续发展
人口老龄化严重

改造区域内：

用地权分散，增加与居民沟通协调的成本，不易对区域内进行整体化，系统化的改造

# 城区目标、定位与策略

## 目标与定位

规划目标 → 规划定位

**规划目标**

- 激发古城新活力
- 补缺城区公共设施

↓

- 提升环境品质
- 增加居民收入

↓

- 延续客家文化

**规划定位**

城区定位

具有浓厚客家文化氛围的宜居古城

主要受众群体定位

古城区内的常住居民

常年在外，定时归来的暂住居民

喜爱客家文化享受旅居生活的游客

## 设计策略：城市共联网

| 策略提出背景 | 策略由来 | 策略思路 |
|---|---|---|
| 古城区内密集的建筑群使区域内缺少交流的平台和发展空间。内向性的围屋建筑在提供私密性与安全感的同时，减少了居民间交流的机会。这导致城区内部缺乏活力。为使古城区在保持传统风貌的同时又能充满活力，需通过规划找出活化城区的策略。 | 宗族认同 → 客家人对于自家宗族有很强烈的认同感和自豪感，这促使许多在外打拼的客家人仍坚持每年回家祭祖。但这种情感是在逐年消退的。 → 转嫁 → 城市认同 | 宗族认同 → 将以宗祠为核心（空间上最能反映客家人宗族认同的要素）的围屋做为空间上的基本单位，在各个围屋间（家族间）创造公共空间，打破原有的内向性。增加共同活动的机会。 → 邻里认同 |
| | 社区认同 | 城市共联网 联合 多个家族间的交流联合形成独特的客家社区，社区内部提供足够的具有独特性的交流空间，吸引外部人员参与，使社区间相互渗透联合。 |

# 场地现状

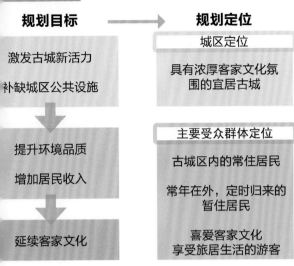

村庄分布

规划范围内行政用地
规划范围涉及行政村

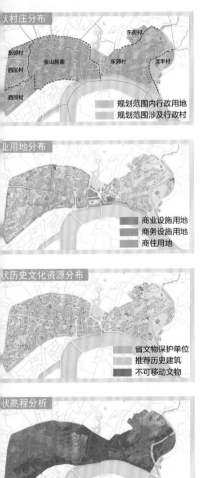

现状历史文化资源分布

省文物保护单位
推荐历史建筑
不可移动文物

现状高程分析

现状道路分布

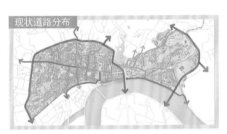

现状教育设施分布

幼儿园用地
中小学用地
高等学校用地

现状建筑高度

30层
1层

现状医疗卫生设施分布

医疗用地

现状用地分析

二类居住用地
三类居住用地
行政办公用地
服务设施用地
工业用地
商业用地
教育用地
安全设施用地
公园绿地
水域

现状用地以居住用地为主，地块呈斑块状分布，公服设施用地比例较高。
建设用地主要为居住用地、公共管理与公共服务设施用地。
其中居住用地占城市建设用地的64%、公共管理与公共服务设施用地占13%。

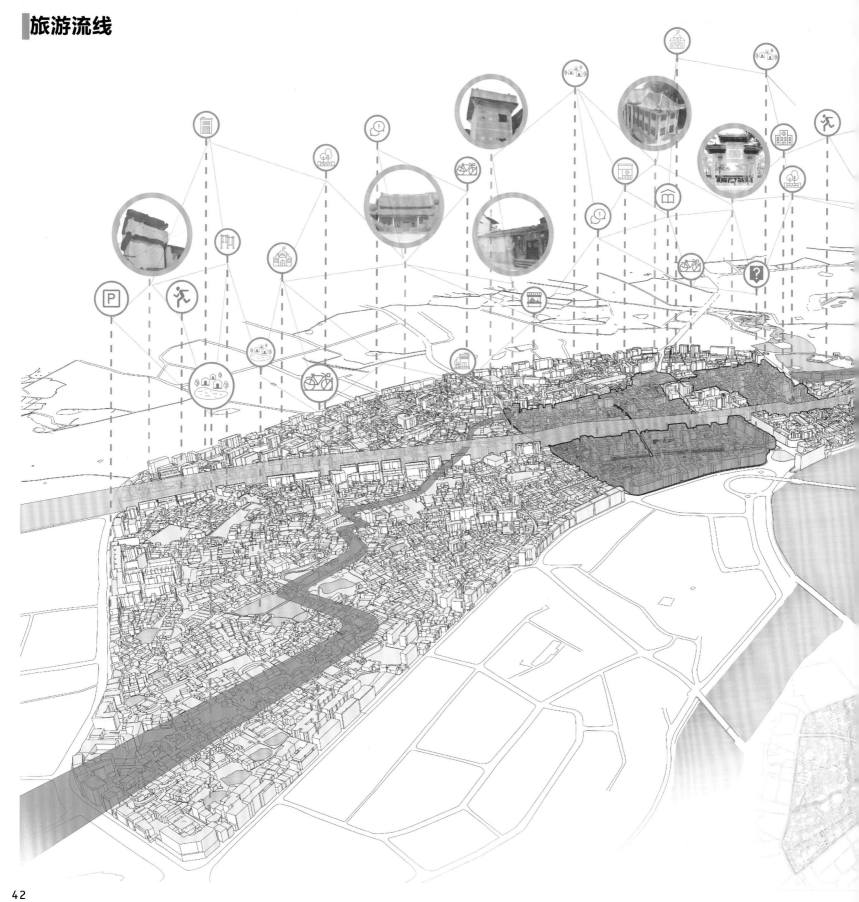

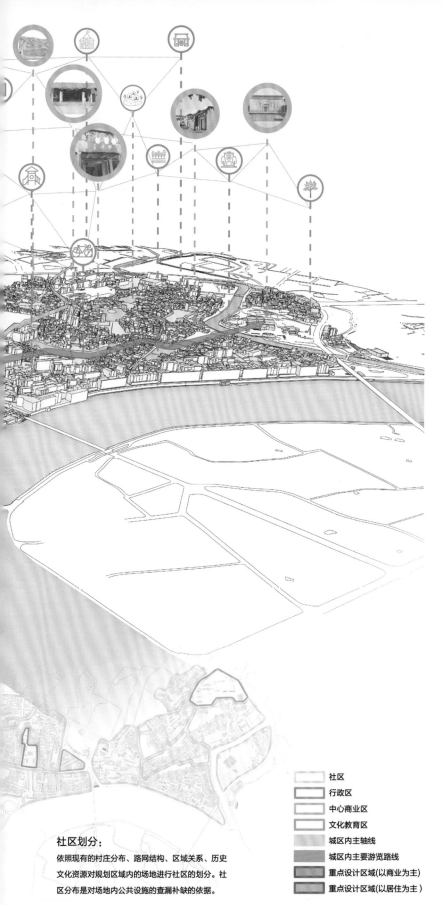

## 概念推演

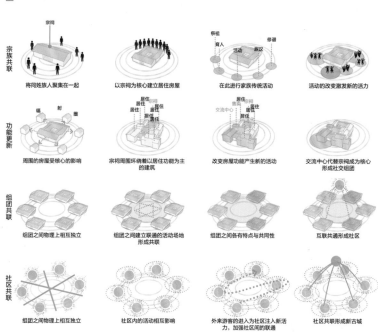

宗族共联

将同姓族人聚集在一起 | 以宗祠为核心建立居住房屋 | 在此进行家族传统活动 | 活动的改变激发新的活力

功能更新

周围的房屋受核心的影响 | 宗祠周围环绕着以居住功能为主的建筑 | 改变房屋功能产生新的活动 | 交流中心代替宗祠成为核心形成社交组团

组团共联

组团之间物理上相互独立 | 组团之间建立联通的活动场地形成共联 | 组团之间各有特点与共同性 | 互联共通形成社区

社区共联

组团之间物理上相互独立 | 社区内的活动相互影响 | 外来游客的进入为社区注入新活力，加强社区间的联通 | 社区共联形成新古城

## 结构分析

### 功能结构

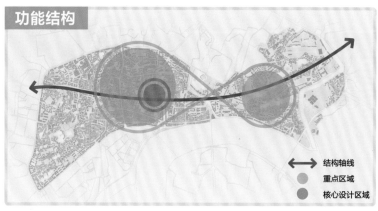

↔ 结构轴线
⬤ 重点区域
⬤ 核心设计区域

### 交通流线

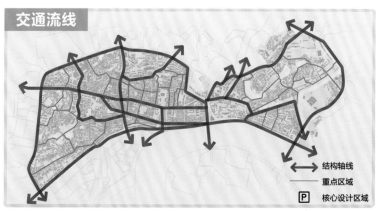

↔ 结构轴线
— 重点区域
Ⓟ 核心设计区域

社区
行政区
中心商业区
文化教育区
城区内主轴线
城区内主要游览路线
重点设计区域(以商业为主)
重点设计区域(以居住为主)

**社区划分：**
依照现有的村庄分布、路网结构、区域关系、历史文化资源对规划区域内的场地进行社区的划分。社区分布是对场地内公共设施的查漏补缺的依据。

# 城区景观节点分析

## 游览节点

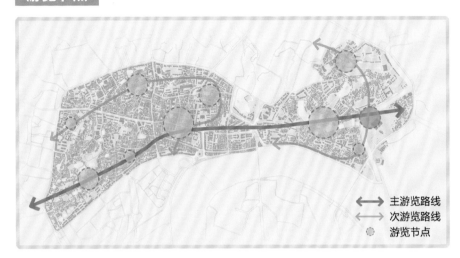

主游览路线
次游览路线
游览节点

## 景观节点

临江景观带
景观节点
湖岸景观节

# 地块选择

**A地块特征：**
1.历史风貌建筑密集，且存留的较为完整
2.空间机理丰富，这是由于地块内的建筑长期自由发展所形成的
3.缺少公共活动空间

A属于区域内典型的客家风貌建筑群，在成功改造之后，可根据实际情况将将相同的模式复制到区域内的其他地块

**B地块特征：**
1.交通便利
2.是特别的骑楼商住区

A区规划重点落在居住区的环境改造上
B区规划重点落在街道的环境改造以及商区　向居住区的的过渡设计上

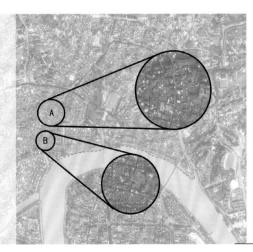

# 街区叠加分析图

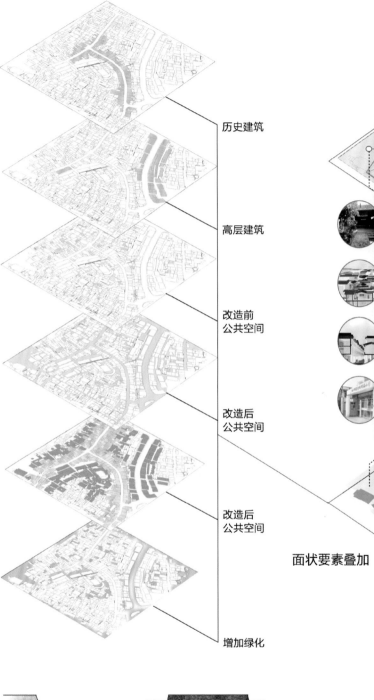

历史建筑

高层建筑

改造前
公共空间

改造后
公共空间

改造后
公共空间

增加绿化

面状要素叠加

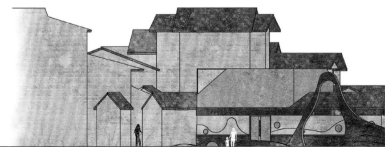

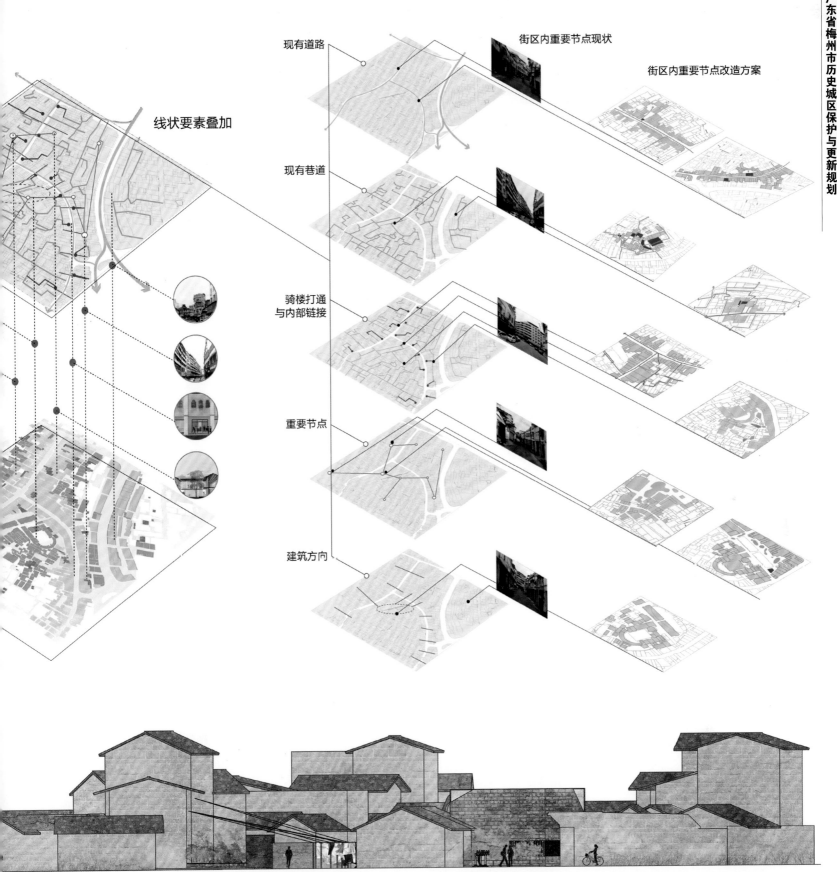

线状要素叠加

现有道路

街区内重要节点现状

街区内重要节点改造方案

现有巷道

骑楼打通
与内部链接

重要节点

建筑方向

# 重点设计区域总平面图

1 晾衣广场
2 小院花园
3 高层屋顶花园
4 两层温室活动
5 小型活动花园广场
6 小型活动花园
7 围屋
8 微型运动广场
9 微型花园
10 长坡花园
11 长楼花园

12 花园廊道
13 大花园
14 图书馆
15 长坡花园
16 漫步花园

# 区域整体分析

## 改造前

### 城功能划分图

二类居住用地　　环境设施用地
三类居住用地　　环境设施用地
行政办公用地　　教育科研用地
服务设施用地　　医疗卫生用地
　　　　　　　　商业用地
　　　　　　　　商住用地

### 高层住宅分布图

高层建筑

### 可改造空地分布图

可改造空地
原有路线

### 可改造区域分布图

可改造区域
重点设计组团
原有路线

## 改造后

### 路分级图

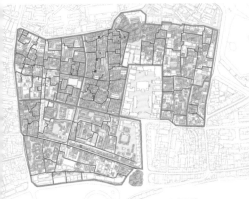

车行路线
机动车路线（宽度<2m）
人行路线

### 服务站分布图

服务站（针对老年人）

### 车辆停放分布图

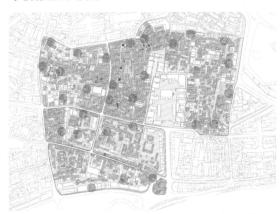

自行车摩托车混放点
自行车停放点

### 团分布图

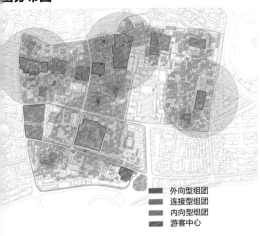

外向型组团
连接型组团
内向型组团
游客中心

# 居住区组团设计

## 社交组团改造思路

原区域建筑杂乱

对该区域的居住情况进行调研并分户

去除部分加建建筑，使区域内空间更有条理

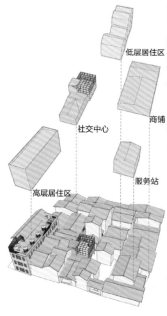

低层居住区
商铺
社交中心
服务站
高层居住区

梳理区域内空间路线，并选出适合的建筑进行改造，将部分空间改造成具有公共通行功能的区域

最终形成一个既具有隐蔽性又互联共通的内向性社交组团

最后对区域内空间环境进行一次全方位升级改造，提升居民居住品质

## 小空间改造策略

| TYPE 1 | TYPE 2 | TYPE 3 | TYPE 4 |
|---|---|---|---|
| 街区内部建筑 建筑间多边形空间 | 街道骑楼空间 老街线性空间 | 居住区中心空间 高层夹角空间 | 围屋前段空间 围屋院落空间 |

### 空间简化

### 空间的可变性探索

### 选定适宜的方案

| 交流中心 群众参与性 功能多样性 可达核心性 | 交通空间 丰富交通感受 视觉引导 利用小空间 | 立面修复 骑楼与内部打通 牌匾设计跟随风貌 骑楼部分做休闲空间 | 打造曲折街道 利用弯折区域做休闲空间 增加露天商业活力点 | 设立核心景观 核心景观分流 丰富趣味性 | 修复周边建筑 作为开敞空间 增强视野 | 恢复核心的 水塘区域 | 增设功能 修复核心交流区域 |

48

# 商业街组团设计

## 社交组团改造思路

居住　商业　文化　休闲　工坊　创客　绿地

**现状**
居住+商业

**居住区**
居住+绿地+休闲+商业

**商业区**
居住+绿地+休闲+工坊+商业

**创客区**
创客+工坊+绿地+休闲+文化

**休闲区**
绿地+休闲+文化

**文化区**
文化+商业+工坊+绿地+休闲

商住区
文化区
商业区
创客区
休闲区

## 骑楼街区改造分析

单一线性空间

单一水平空间

单一商业空间

隔绝的游览路线

增加点状休息空间

串联立体空间

打通商业与院落，引流入境

打通串联，骑楼与院落共赏

# 社区自建策略

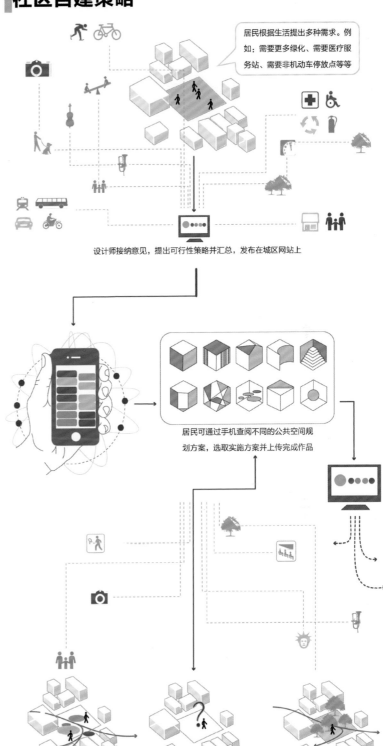

居民根据生活提出多种需求。例如：需要更多绿化、需要医疗服务站、需要非机动车停放点等等

设计师接纳意见，提出可行性策略并汇总，发布在城区网站上

居民可通过手机查阅不同的公共空间规划方案，选取实施方案并上传完成作品

设计师根据居民提出的需求规划设计几种公共空间的改造方案，以及能普遍推广的几种功能装置。居民在设计师发布的网站上可以查阅、讨论从中选取一种或几种进行组合，能较好地满足原住区的生活需求。同时居民在自建的过程中还可以与设计师讨论形成新的方案，上传网站补充方案。最终自建完成居民上传完成图以及后续的使用心得，供更多人参考。

# 节点分析

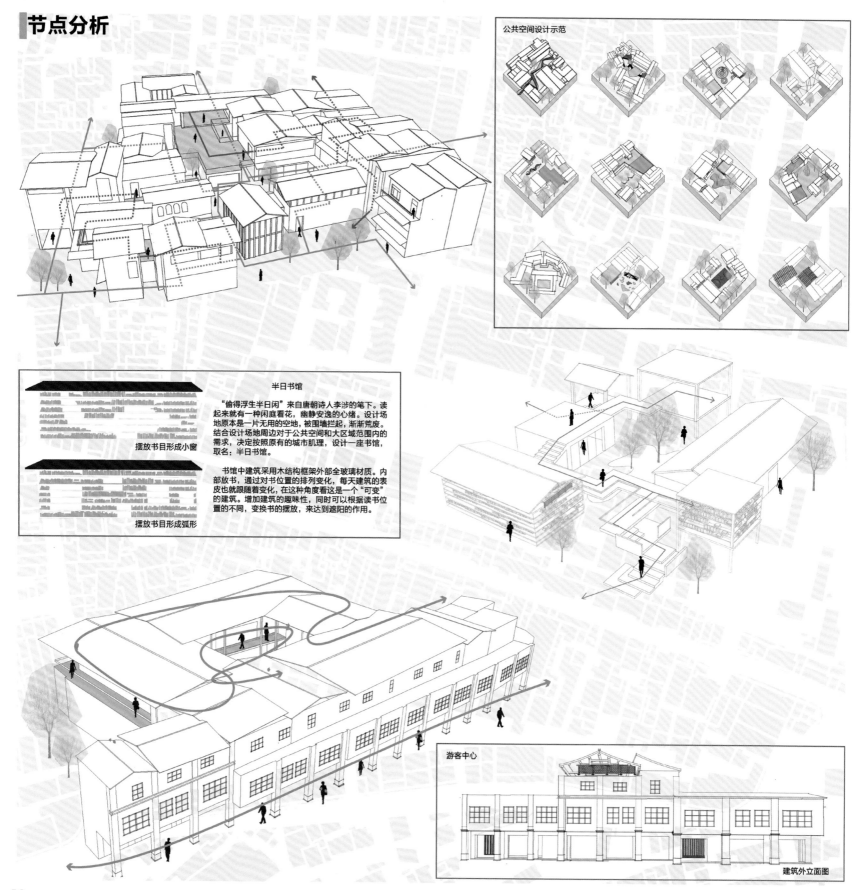

## 半日书馆

"偷得浮生半日闲"来自唐朝诗人李涉的笔下。读起来就有一种闲庭看花，幽静安逸的心绪。设计场地原本是一片无用的空地，被围墙拦起，渐渐荒废。结合设计场地周边对于公共空间和大区域范围内的需求，决定按照原有的城市肌理，设计一座书馆，取名：半日书馆。

书馆中建筑采用木结构框架外部全玻璃材质。内部放书，通过对书位置的排列变化，每天建筑的表皮也就跟随着变化，在这种角度看这是一个"可变"的建筑。增加建筑的趣味性，同时可以根据读者位置的不同，变换书的摆放，来达到遮阳的作用。

摆放书目形成小窗

摆放书目形成弧形

游客中心

建筑外立面图

50

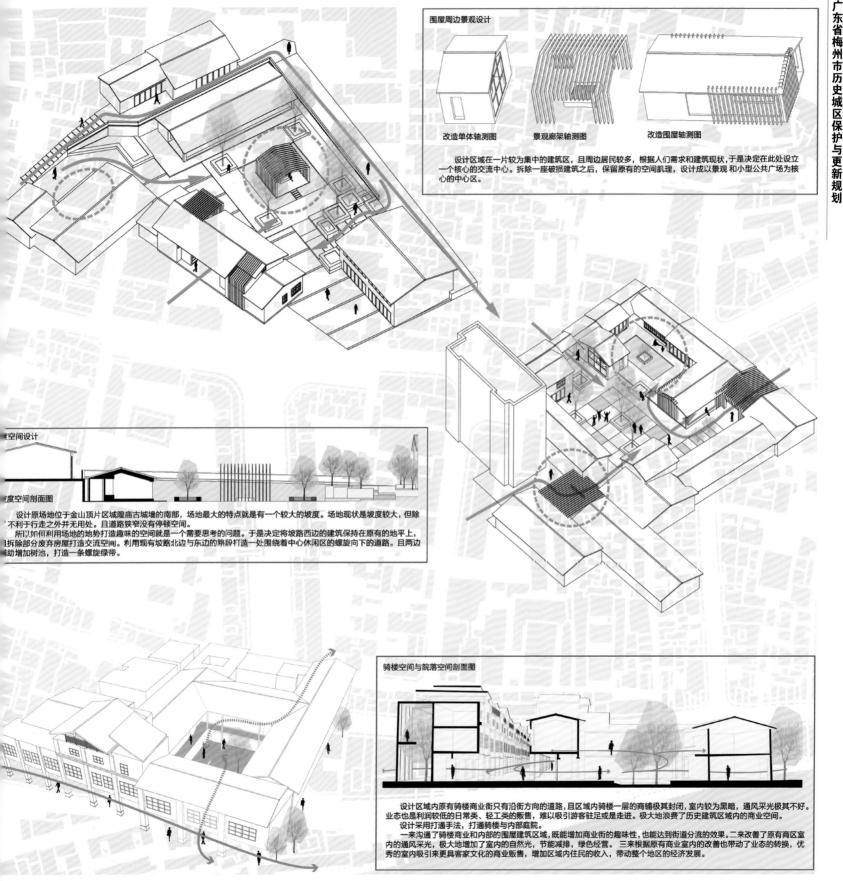

围屋周边景观设计

改造单体轴测图　　　　景观廊架轴测图　　　　改造围屋轴测图

　　设计区域在一片较为集中的建筑区，且周边居民较多，根据人们需求和建筑现状，于是决定在此处设立一个核心的交流中心。拆除一座破损建筑之后，保留原有的空间肌理，设计成以景观和小型公共广场为核心的中心区。

空间设计

度空间剖面图

　　设计原场地位于金山顶片区城隍庙古城墙的南部，场地最大的特点就是有一个较大的坡度。场地现状是坡度较大，但除不利于行走之外并无用处。且道路狭窄没有停顿空间。
　　所以如何利用场地的地势打造趣味的空间就是一个需要思考的问题。于是决定将坡路西边的建筑保持在原有的地平上，拆除部分废弃房屋打造交流空间。利用现有坡路北边与东边的路段打造一处围绕着中心休闲区的螺旋向下的道路。且两边辅助增加树池，打造一条螺旋绿带。

骑楼空间与院落空间剖面图

　　设计区域内原有骑楼商业街只有沿街方向的道路，且区域内骑楼一层的商铺极其封闭，室内较为黑暗，通风采光极其不好。业态也是利润较低的日常类、轻工类的贩售，难以吸引游客驻足或是走进。极大地浪费了历史建筑区域内的商业空间。
　　设计采用打通手法，打通骑楼与内部庭院。
　　一来沟通了骑楼商业和内部的围屋建筑区域，既能增加商业街的趣味性，也能达到街道分流的效果。二来改善了原有商区室内的通风采光，极大地增加了室内的自然光，节能减排，绿色经营。三来根据原有商业室内的改善也带动了业态的转换，优秀的室内吸引来更具客家文化的商业贩售，增加区域内住民的收入，带动整个地区的经济发展。

# 节点分析

建筑爆炸图　　　　　　　建筑立面图

设计区域的建筑密度极大，极难开辟新的公共空间，基于现有的区位条件，同时考虑到场地中一处建筑破损严重，于是决定将这一栋破损建筑重新修复作为一处建筑与建筑的联通空间，同时具有交流中心的作用。设计建筑的二楼采用木结构框架，通透性极好。同时各个方向都有联通周边建筑二层的门，使得整个区域建筑都十分联通。

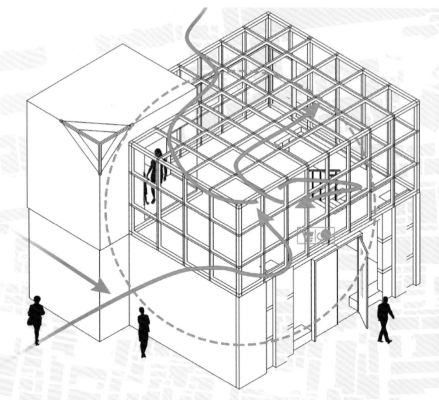

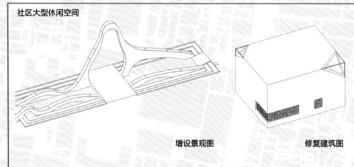

社区大型休闲空间

增设景观图　　　　修复建筑图

设计原有一处较大的闲置空地，同时根据原有住民是主要的服务人群，于是决定将这个区域设计成一处大型的休闲空间。

根据原有场地的一处古井，设计决定在场地中加入晾衣场的设计。晾衣场在居民生活中一直具备着晾衣功能的同时还具备着交流的功能，人们聚集在这里洗衣晾衣，互相说着家长里短，增近了人们的距离。

设计中还加入了健身等功能空间，完善了这个区域的属性。

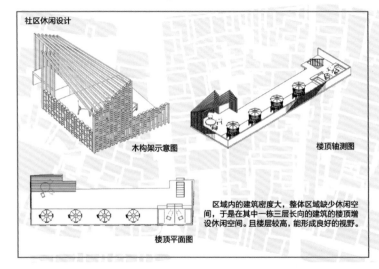

社区休闲设计

木构架示意图　　　　　　楼顶轴测图

楼顶平面图

区域内的建筑密度大，整体区域缺少休闲空间，于是在其中一栋三层长向的建筑的楼顶增设休闲空间。且楼层较高，能形成良好的视野。

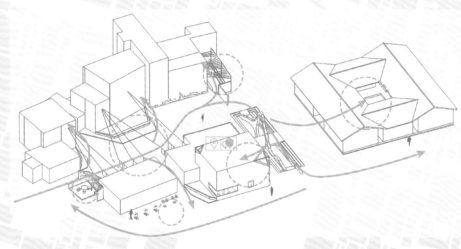

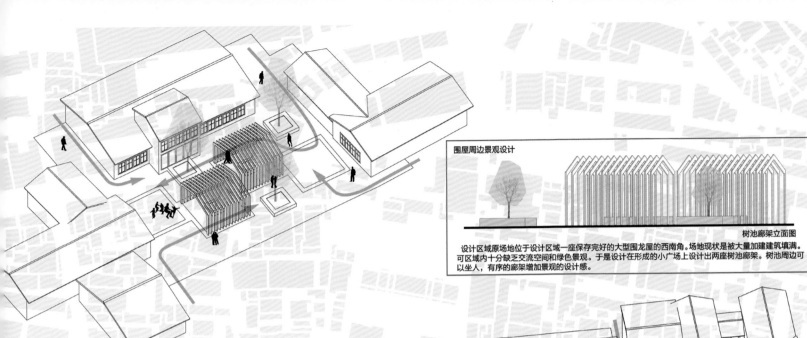

围屋周边景观设计

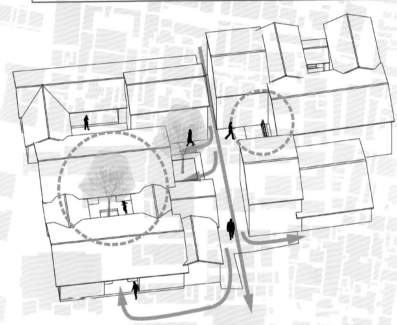

树池廊架立面图

设计区域原场地位于设计区域一座保存完好的大型围龙屋的西南角。场地现状是被大量加建建筑填满。可区域内十分缺乏交流空间和绿色景观。于是设计在形成的小广场上设计出两座树池廊架。树池周边可以坐人，有序的廊架增加景观的设计感。

筑外立面图

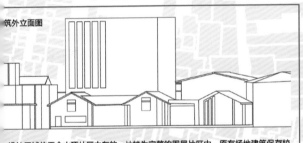

设计区域位于金山顶片区中东的一片较为完整的围屋片区中。原有场地建筑保存较好，比较需解决的问题就是原有围屋建筑有些过于封闭。

产生原因主要是围屋大多建成于明清年间，客家人饱经战乱，建筑大多修建的封闭性较好，有着强烈的自我保护意识。但如今时代和平，人们需求的是开放交流，隔绝已不符合时代的需求。于是在这边场地中主要采取打通的设计手法。

停车空间设计

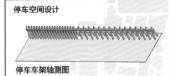

停车车架轴测图

设计区域位于一处围屋较为密集处，且临近街道，这个基础属性就意味着区域内的停车需求量极大。于是在一处临近街道的建筑退让空间，决定设计一处停车空间，缓解停车的压力。

车架设计采用木质结构，和古城的风貌相适，高度和宽度的设计也结合了自行车与机车的比例，各自设计的数量是根据原区域的车辆现状现场测出估算而成的。

社区晾衣空间

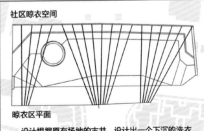

晾衣区平面

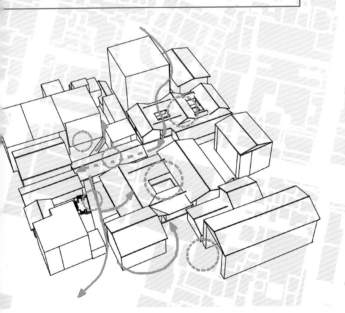

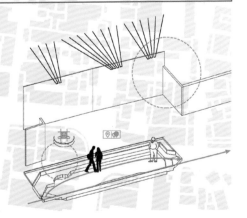

设计根据原有场地的古井，设计出一个下沉的洗衣空间，同时根据人体蹲坐的尺度设计出台阶的高度，可以在坐在台阶上洗衣。

**朱昱璇**

感谢六校联合设计以及广东省规划院，给了我们环艺专业的同学去接触城规的机会。让我们可以从更广的层面上去了解城市以及设计，感谢六校的老师和同学们的帮助，我们会弥补自己的不足，在以后的路上越来越好。

**迟子媛**

以联合毕设的形式结束本科的课程真的是一个难忘又难得的经历。梅州—昆明—成都，联合毕设的每一站都留下了太多美好的回忆。在这三个月的学习，不仅收获了跨学科的知识，更是在与不同专业的老师与同学的相识相知中，学到了很多东西。祝大家前程似锦，后会有期。

**于智宇**

很荣幸参加了六校联合毕业设计，设计过程横跨三地，每段经历都令我非常难忘，从一开始跨专业的不知所措到最后开心的不知所云，我体会到了前所未有的充实和惊喜。非常感谢各位老师和领导们的指导，带我们看到了毕业设计更有意思的一面。也非常感谢曾经帮助过我们的其余五校的同学，结识他们真的是我大学生活中最意外又最有趣的事，希望以后有缘可以再次相见。

**王芊荀**

三个月，四座城市，五位成员，六所学校。不知不觉中，联合设计落下了帷幕。很感谢有这样一个机会，让我们和不同专业的同学们一起学习，一起进步。很高兴遇到这些善良又特别的同学们，很感激给我们悉心指导的老师们。我们相信，等多年之后再回忆，这段经历依然珍贵。

**吉　航**

四年寒窗，所收获的不仅仅是愈加丰厚的知识，更重要的是在设计及实践中培养的思维方式、表达潜力和广阔视野。很庆幸这四年来我遇到了如此多的良师益友，无论在学习上、生活上，还是工作上，都给予了我无私的帮忙和热心的照顾，让我在一个充满温馨的环境中度过四年的大学生活，以这次毕设做一个结尾，是我本科最幸福的事。

# 共享城市

## 广东省梅州市历史城区保护与更新规划

指导教师：刘杰
作　者：朱昱璇 迟子媛 于智宇 王芊葿 吉航
学　校：哈尔滨工业大学

## 区位分析 Location analysis

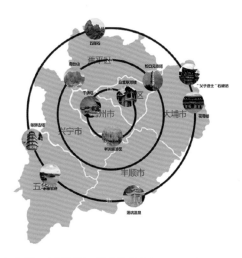

梅州区别名梅城，设立于1988年3月，位于广东省东北部，交通便利，设有梅州机场，同时也是泛珠三角区域联系闽粤赣的枢纽中心。同时梅江区是中央苏区县，也是"文化之乡""华侨之乡""足球之乡"的中心地带，被誉为"客家之都"。拥有20多万海外华侨，分布在40多个国家和地区。

## 设计理念 Design idea

**地脉修补**

1. 恢复历史绿地水网，修复生态体系。
2. 协调城市生活与自然生态的平衡发展，完善基础设施。
3. 调整交通体系，鼓励健康的交通出行方式。

**文脉修补**

1. 统筹发展传统文化，使其适应时代发展。
2. 使客家文化发扬光大，树立文化自信，重塑世界客都。
3. 利用现有文化资源，注入新的活力，使老城新生。

**业脉修补**

1. 更新传统业态，注入新的商业形式。
2. 使客家文化与产业相结合，形成独有的产业新形式。
3. 利用第三产业带动一二产业发展，三产联动的产业集群。

**人脉修补**

1. 更新改造多种公共空间，促进人群进行多元互动交融。
2. 巩固原有的宗亲网络，织补代际关系。
3. 为人群提供多种活动，提高参与可能性与趣味性。

## 历史沿袭 Historical lineage

明清时，
仅留广州对外通商，
成为对外的关键口岸，
经济发展迅速
……

1949年，
开展大规模工业建设，
城市规模迅速扩大，
经济取得重大成就，
但生态不断恶化
……

特殊历史时期，
居民区水源区兴建污染企业，
废水，废气，废渣，噪声成为严重的社会问题。
环境肌理严重破坏

改革开放后，广东高速发展，产业和人口高度集中，
城市的不合理布局，使污染达到空前地步……

1990年后，
生态环境恶化加剧，荔枝大量死亡，花不挂果。
城市热岛效应严重，暴雨，暴雷，水侵街，
水体污染严重，鱼虾绝迹，蚊蝇乱舞。
珠江河岸被侵占，淤积萎缩
……

在发展中谋求共生

清朝（1900年）　　民国（1948年）　　1963年　　1987年　　1993年　　2012年

位于珠三角的顶点，
背山面海，江海交会，
河湖众多，渔业发达，
保持男耕女织。

重污染产业在广州兴起，
城市生态环境遭到破坏，
地表破坏，河流污染，泥沙淤积，
森林几乎砍伐殆尽。

土地污染，噪声污染严重。城市荒地严重，
大量沙地，沼泽，建设用地少，住房不足，
交通阻塞，热岛效应，俨然严重，
大量河川消失成平地。

从历史经验教训中，得到要控制发展规模，
建立可持续发展和保护生态环境的调控机制，
重视城市文化建设，
保持人与自然和谐统一。

# 史沿袭 Historical lineage

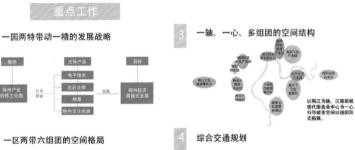

公元前214年
秦军占领岭南,梅州属南海郡

宋开宝四年
改"敬州"为"梅州"

至元二十三年
复为梅州

清雍正十一年
程乡升为"嘉应州"

五代十国南汉乾和三年
程乡升为敬州

元至元十六年
改梅州为"梅州路"

明洪武二年
废州为程乡县

宣统三年
嘉应州复名梅州

民国三年
废州府制,梅州改名梅县

1952年
撤销兴梅专区

1965年
设立梅县专区

1983年
梅州市与梅县合并改为梅县市

历史古镇的未来?

1949年
设置兴梅专区

1956年
兴梅县属汕头专区

1979年
梅州镇升格为县级称梅州市

1988年
梅县地区改为梅州市

# 相关规划 Related planning

## 重点工作

**1** 一园两特带动一精的发展战略

**3** 一轴、一心、多组团的空间结构

以梅江为轴,江南新城现代服务业中心为一心,引导城市空间以组团形式拓展。

**2** 一区两带六组团的空间格局

**4** 综合交通规划

| | |
|---|---|
| 中心城区骨架路网 | 三环八放射 |
| 公共交通系统规划 | 建立圈带融合一体化公共交通系统,定制一体化客运交通体系 |
| 静态交通规划 | 规划机动车公共停车场,结合快速路、主次干路,预留机动车充电站设施用地 |
| 步行与自行车系统规划 | 建成交通环境宜人、设施合理、交通有序的现代化步行和自行车交通体系 |

## 行动计划

**推进新型工业化和农业现代化**
从传统农业向精致高效农业转变,构建梅州农业产业化、规模化、规范化生产加工模式和品牌化经营。

**形成主导产业和产业集群**
通过形成一批带动力强、集约化水平高、关联度大的主导产业和产业集群,能形成产业集聚的发展效应,做长产业链,实现快速发展。

**推动信息化和工业化融合**
加快信息基础设施建设,以宽带传输和交换为重点,建设宽带高速园特网,积极推进电子政务、电子商务、电子教育、电子金融,推动信息网络化进程和信息技术在各行业的广泛应用。

**构建绿色产业体系**
梅州的金字招牌就是绿色原生态,在天然、生态、健康日益成为稀缺资源的时代,构建布局合理、特色突出、结构优化的绿色产业体系,成为梅州与先发地区竞争的杀手锏。

**5** 构建慢行系统
改善历史城区交通状况,建设以慢行系统为主导的古城游览系统,城区内道路进行分级,设置步行街,慢行道,及小车辆出行范围。

**6** 城镇提质行动
推动社会事业全面发展,民生福祉得到明显改善,坚持绿色低碳发展,使生态建设和环境保护取得显著成效。

**7** 空心村整治行动
通过营造高品质的人居环境,为居民提供游憩和活动场所,繁荣布置民宅,增强用地集约度,改造村庄内部设施,吸引村民向内搬迁,集中布置公共设施,营造活力繁荣的村中心,增强向心性。

**8** 形成综合交通网络
加快交通项目为重点的基础设施建设,形成以高速公路、高速铁路为骨架,公路、铁路、机场、港口、航道街接顺畅的综合交通网络。

# 城区模型 Urban handmade model

# 市域规划 City freeway planning

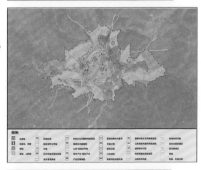

# 用地规划 City freeway planning

# 城区规划 Area planning

历史城区规划结构图

共享点分布图

历史城区生态修复图

历史城区公共服务设施改造后分析图

道路交通规划图

历史城区停车场改造图

## 宜居性 Livability analysis

### 社会结构

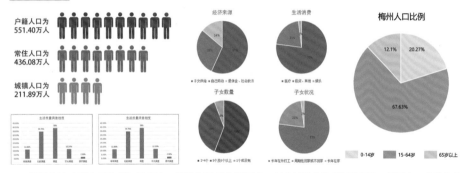

户籍人口为 551.40 万人

常住人口为 436.08 万人

城镇人口 211.89 万人

经济来源　生活消费　**梅州人口比例**

子女数量　子女状况

20.27%
12.1%
67.63%

0-14岁　15-64岁　65岁以上

2016 年末户籍人口为 551.40 万人。常住人口 436.08 万人，其中城镇人口 211.89 万人，城镇人口占常住人口的比重为 48.59%。全市人口出生率为 14.11‰，死亡率为 5.64‰，自然增长率为 8.47‰，人口结构有逐步老龄化趋势。

### 公服设施

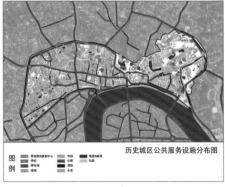

历史城区公共服务设施分布图

文教区、公园滨水区、医疗服务、养老设施等服务设施分布较均匀，公厕较少，消防设施严重缺乏。

### 生态现状

历史城区生态现状图

历史城区南段的绿地水网明显少于北段，历史城区南北两段生态发展不平衡。

### 建筑高度

历史城区建筑高度现状图

历史城区内大部分建筑为低层建筑，少部分新建建筑为多层建筑且多集中在区域边缘。

### 建筑质量

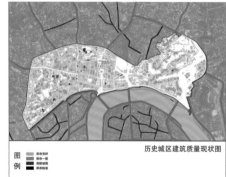

历史城区建筑质量现状图

历史城区内总体建筑质量较为良好，部分历史建筑破坏严重甚至处于荒芜荒废状态。

---

## 社区性 Community analysis

### 社区人群行为

| 行为类型 | 行为特征 | 现状行为 | | | |
|---|---|---|---|---|---|
| 必要性活动 | 活动的发生受少收到物质构成的影响，一年四季在各种条件下进行，相对亲密与外部环境关系不大。<br>活动频率：高<br>活动方式：如上班、购物、买菜、候车 等。 | 买菜摆摊 日常工作 田间务农 日常出行 | | 日常饮食 扫扫清理 洗涤衣物 晾晒衣物 | |
| 自发性活动 | 活动只有在外部条件适宜，天气和场所都有着引力时发生，特别依赖于外部的物质条件。<br>活动频率：中<br>活动方式：如散步、驻足看风景、晒太阳等。 | 公园散步 采摘果物 户外骑行 假寐健身 | | 晨间遛狗 驻足看报 桥上读书 | |
| 社会性活动 | 活动是在公共空间中有赖于他人参与的各种活动，可以称之为连锁型活动，只要改善特定的公共空间就会促进社会性活动。<br>活动频率：低<br>活动方式：如互相打招呼、交谈、儿童性活动等。 | 打牌下棋 曲艺活动 祭祖活动 相聚洽谈 | | 人们虽有期盼进行社会性活动的心理，但由于缺乏可以提供活动的场所或是活动场所条件不充分，常常影响人们社会性活动的发生。 | |

产业分布南段多北段少，主要以饭店以及商店为主。金融类产业较少，主要商业形式仍处于自给自足阶段缺少带动性的现代化商业形式的注入。

### 社区人群行为

| | 活动方式 | 活动地点 | 参与主体 | | 活动方式 | 活动地点 | 参与主体 |
|---|---|---|---|---|---|---|---|
| | 河边垂钓 | 周溪河河岸 | 个体 | | 运动骑行 | 公园 | 个体 |
| | 山歌曲艺 | 八角亭，社区空地 | 个体 | | 健身活动 | 公园，扁一祖祠 | 个体 |
| | 私塾课堂 | 学宫，东山书院 | 个体 | | 祭祖活动 | 每家每户不固定 | 宗族 |
| | 打牌下棋 | 公园、街边、社区 | 邻里 | | 耕种养殖 | 八角村，住屋后院 | 家庭 |
| | 夜游梅江 | 梅江码头 | 个体 | | 喝茶聊天 | 街角，公园，社区 | 邻里 |
| | 果蔬采摘 | 周溪河河岸 | 个体 | | 散步遛狗 | 街角，公园，社区 | 个体 |

人们平时文娱活动虽多，但是大部分参与主体为个体，缺乏与邻里之间、宗族之间、游客之间的互动性。人与人交往并不是十分密切。

---

## 交通机动性 Mobility analysis

### 道路现状

历史城区道路现状图

在高峰期大部分车流集中在凌风东西路、城西大道，凌风东西路商业街致人流量大，车流量大，同时街道较窄，加重交通堵塞。

### 公交站点

历史城区公交站点分布图

以文化公园为轴，公交路线南段多北段少。而且对于旅游业进一步发展而言，缺乏单独的旅游巴士路线。

### 停车场分布

历史城区停车场分布图

历史城区规划停车场较少，大多数机动车都会沿路边停靠。部分街道较为狭窄，不能满足大量车流的汇入。

# 家文化 Hakka culture analysis

## 文化分析

### "客家人"物质文化分析

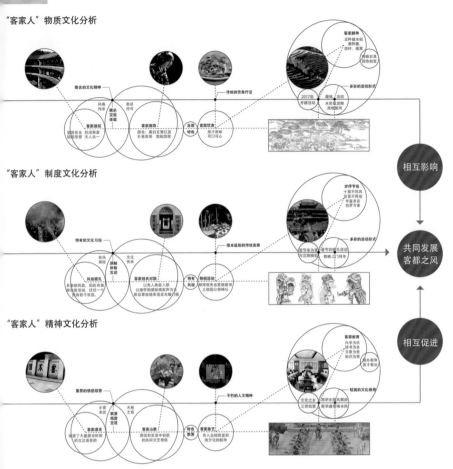

相互影响

共同发展
客都之风

相互促进

### "客家人"制度文化分析

### "客家人"精神文化分析

## 建筑年代

图例
历史文物保护单位
明代
清代
民国
现代

历史城区建筑年代现状图

## 建筑风貌

图例
历史文物保护单位
历史风貌建筑
历史风貌被破坏
其他建筑

历史城区建筑风貌现状图

历史建筑以清代、民国时期建筑居多，明代建筑较少。大部分历史风貌建筑位于城区南段，但是历史建筑缺保护、价值挖掘。

# 产业分析 Industry analysis

## 第一产业

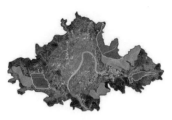

特色主导产业基地：水果、茶叶、油茶等

梅州被确立为"广东省韩江上游油茶、茶叶产业带"

| 规模 | 各级农业龙头企业268家，农业总产值253.8亿元，年增超过4.8% |
|---|---|
| 主要企业 | 发展特色农业、旅游农业和生态农业 |
| 优势 | 梅州市森林资源生物多样性丰富，环境质量优良，农业生物资源丰富 |
| 问题 | 与外界联系少，工业化增值产业链缺失，生产方式落后，生产效率低下，产业成果价值低，从中获得的利益少。 |

## 第二产业

产业结构：水泥、陶瓷等

丰顺县电声产业为梅州市首个"省产业集群示范区"

| 规模 | 区域化特色强，没有形成产业集聚 |
|---|---|
| 主要企业 | 烟草、电力、建材、电子信息、机电制造、矿业加工 |
| 优势 | 内需旺盛的消费市场，优势产业已经形成，政府大力扶持相关产业 |
| 问题 | 生产间联系小，产业链不长，成本高，利润少；劳动供求关系紧张，平均学历水平低，技能人才结构不合理，专业人才严重不足。 |

## 第三产业

实施旅游休闲计划：举办重走客家迁徙古道、客都自驾旅游周等

被评为广东"最受车友欢迎目的地""最佳休闲城市"

| 规模 | 建成一批休闲观光旅游项目，获"国家园林城市""中国优秀旅游城市" |
|---|---|
| 主要企业 | 叶剑英纪念馆，客家公园，东山教育基地，广东客家博物馆等文化历史浓厚的旅游项目 |
| 优势 | 客家品牌文化，骑楼围屋等特色建筑，历史文化古迹多，政府对文化旅游产业的支持 |
| 问题 | 行业成本高而利润过低，产业规模不大，旅游经济总量偏小，产业链条不长，对地方经济社会发展的有效牵动和贡献率偏低。 |

# SWOT分析 swot analysis

## S 优势分析

优越的区位条件：地处闽粤赣三省交界处，便利的交通提供良好的市场条件。
丰厚的历史文化：作为世界客都，客家人的聚集地，历史文化底蕴丰厚。
优美的自然环境：地势北高南低，是重要的生态屏障和水源涵养地，日照雨量充足，"八山一水一分田"的格局。
独特的历史建筑：具有独特的围屋建筑及传统院落，大部分风貌质量较好。
淳朴的民风民俗：梅州客家人崇文重教、耕读传家、兼收并蓄取其长、开拓进取不保守。

## W 劣势分析

基础设施不完善：内部交通无序，公共服务设施落后，总体规划滞后。
劳动生产力不足：人口老龄化，人口外迁问题严重，城市缺少劳动生产力以及人才严重缺失。
第三产业开发不足：虽客家文化有吸引力，梅州旅游景点多。但旅游参与性内容少，开发度不够。
公共空间功能不完善：整体空间杂乱，生活功能占据街道，公共空间被占据。不能满足人们日常休闲娱乐。

## O 机遇分析

政府政策支持：各级政府提出规划政策，高度重视。"一区两带六组团"的城镇总体空间格局描绘了未来的产业集聚与旅游特色发展。
文化名人效应：梅州英才辈出，三贤故里，可以带动旅游业的转行机遇。
客源市场潜力大：客家人的寻根敬祖传统，各地华侨，海外同胞都是梅州旅游潜在的巨大客源市场。

## T 挑战分析

城区肌理遭到破坏：现代高层建筑的涌入过分破坏老城区的历史风貌。
文脉记忆产生割裂：年青群体不了解城市历史，缺乏场所记忆感和历史认同感。
传统生产模式与现代产业冲突：产业形式过于单一，仍处于自给自足的状态，不满足与时俱进的社会发展。

## 设计思路 Design thought

社会文化层面

生活

生产　生态

经济发展层面　生态环境层面

梅州客家人对于生活，劳作，环境的基本态度

享食
享客
享祠（宴饷）
享宴（宴飨）
享道（尊师重道）

享

以客家之享，行共同分享之法，光大发扬客家之风 客家之道

以享客家之享，享文化之享
以当代之理念，享传统之享
以当代之手法，传客家之享

共享

共同分享
付出者
使用者
共同享受

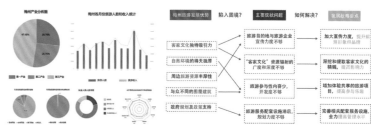

过去　现在　未来

共享，不仅是共享单车样式的单向度提供服务，而是多向度的互动，来唤醒倘且活力，建立健康，富有多种可能的城市生活……

## "共享" 发展的背景 Background of sharing

### 当下共享形式

当下，共享形式已经广泛渗入生活的方方面面，比如共享单车，途家，airbnb等。且梅州客家人有"享"的传统和意愿，所以共享城市的建立是引领老城区未来发展可能性的一种新模式。

共享城市的共享内容　物质层面共享 → 物质财富　基础设施 → 发展空间　精神层面共享 → 服务　文化　信息

### 共享平台服务

网络共享平台　社区共享平台　享客app应用

网上共享平台服务所有城区市民　网上共享平台点击参与共享项目
场地现状　人群需求　参与方式
社区共享平台服务于社区内市民　社区共享平台报名参与共享项目

文化体验项目　知识教育项目　菜地种植项目　闲置交换项目　阅读分享项目

社区共享平台范围内即可连接WiFi　随时搜索附近共享项目　线下与人共享体验项目
支持多种客户端免费下载使用　实时更新共享平台数据库　点击报名即可参与活动

## 旅游业现状 Present situation of tourism

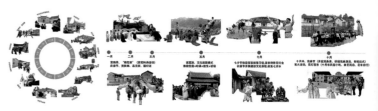

梅州产业分析图　梅州各月份旅游人数和收入统计

梅州旅游发展优势　陷入困境？　主要现状问题　如何解决？　发展战略重点
客家文化独特魅力　旅游目的地与旅游企业宣传力度不够　加大宣传力度，提升剥离旅游景点品牌
自然环境得天独厚　"客家文化"资源辐射的广度和深度不够　深挖和提取客家文化的精髓，提升影响力
周边旅游资源丰厚性　旅游参与性内容少，开发足够　增加体验类的旅游项目，提高参与乐趣
与众不同的围屋建筑
政府规划及政策支持　旅游服务配套设施滞后，规划力度不够　完善相关配套服务设施，全力提高管理水平

## 旅游策划 Tourism planning

一月　二月　三月　四月　五月　六月　七月　八月　九月　十月　十一月　十二月

## 行动时序

### STEP1

**A** 确立共享场所选址

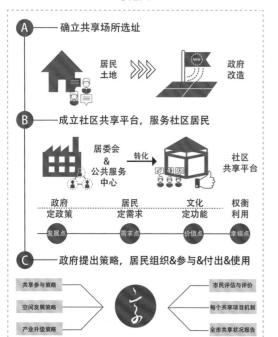

居民土地 >>> 政府改造

**B** 成立社区共享平台，服务社区居民

居委会 & 公共服务中心 → 转化 → 社区共享平台

政府　居民　文化　权衡
定政策　定需求　定功能　利用
发展点　需求点　价值点　幸福点

**C** 政府提出策略，居民组织&参与&付出&使用

共享参与策略　市民评估与评价
空间发展策略　每个共享项目机制
产业升级策略　全市共享状况报告

### STEP2

**A** 建立数据处理中心

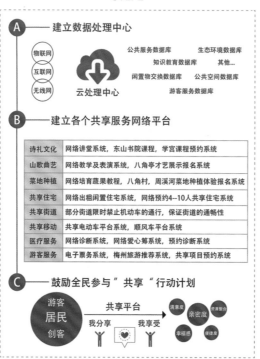

物联网　互联网　无线网　云处理中心

公共服务数据库　生态环境数据库
知识教育数据库　其他…
闲置物交换数据库　公共空间数据库
游客服务数据库

**B** 建立各个共享服务网络平台

| | |
|---|---|
| 诗礼文化 | 网络讲堂系统，东山书院课程，学宫课程预约系统 |
| 山歌曲艺 | 网络教学及表演系统，八角亭才艺展示报名系统 |
| 菜地种植 | 网络培育蔬果教程，八角村，周溪河菜地种植体验报名系统 |
| 共享住宅 | 网络出租闲置住宅系统，网络预约4--10人共享住宅系统 |
| 共享街道 | 部分街道限时禁止机动车的通行，保证街道的通畅性 |
| 共享移动 | 共享电动车平台系统，顺风车平台系统 |
| 医疗服务 | 网络诊断系统，网络爱心筹系统，预约诊断系统 |
| 游客服务 | 电子票务系统，梅州旅游推荐系统，共享项目预约系统 |

**C** 鼓励全民参与"共享"行动计划

游客　居民　创客
共享平台
我分享　我享受
满意度　亲密度　资源会　幸福感　便捷度

### STEP3

**A** 改善老城现状，构建特色梅州

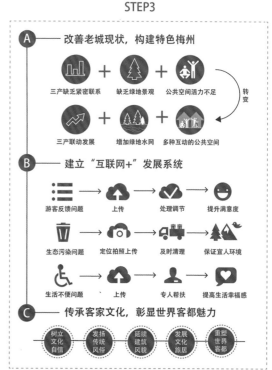

三产缺乏紧密联系　缺乏绿地景观　公共空间活力不足
转变
三产联动发展　增加绿地水网　多种互动的公共空间

**B** 建立"互联网+"发展系统

游客反馈问题 → 上传 → 处理调节 → 提升满意度
生态污染问题 → 定位拍照上传 → 及时清理 → 保证宜人环境
生活不便问题 → 上传 → 专人帮扶 → 提高生活幸福感

**C** 传承客家文化，彰显世界客都魅力

树立文化自信　发扬传统风俗　延续建筑风貌　发展文化旅居　重塑世界客都

## "共享+"下的产业升级策略 Industry upgrade strategy under "sharing +"

基于共享的产业升级策略

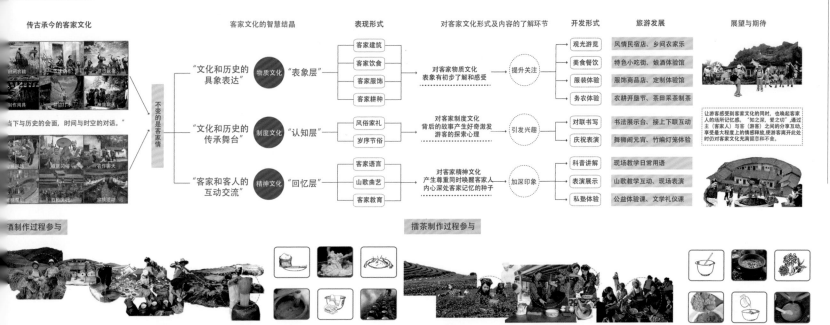

| 传古承今的客家文化 | | 客家文化的智慧结晶 | 表现形式 | 对客家文化形式及内容的了解环节 | 开发形式 | 旅游发展 | 展望与期待 |
|---|---|---|---|---|---|---|---|

酒制作过程参与　　　　　　　擂茶制作过程参与

重点设计地块鸟瞰图

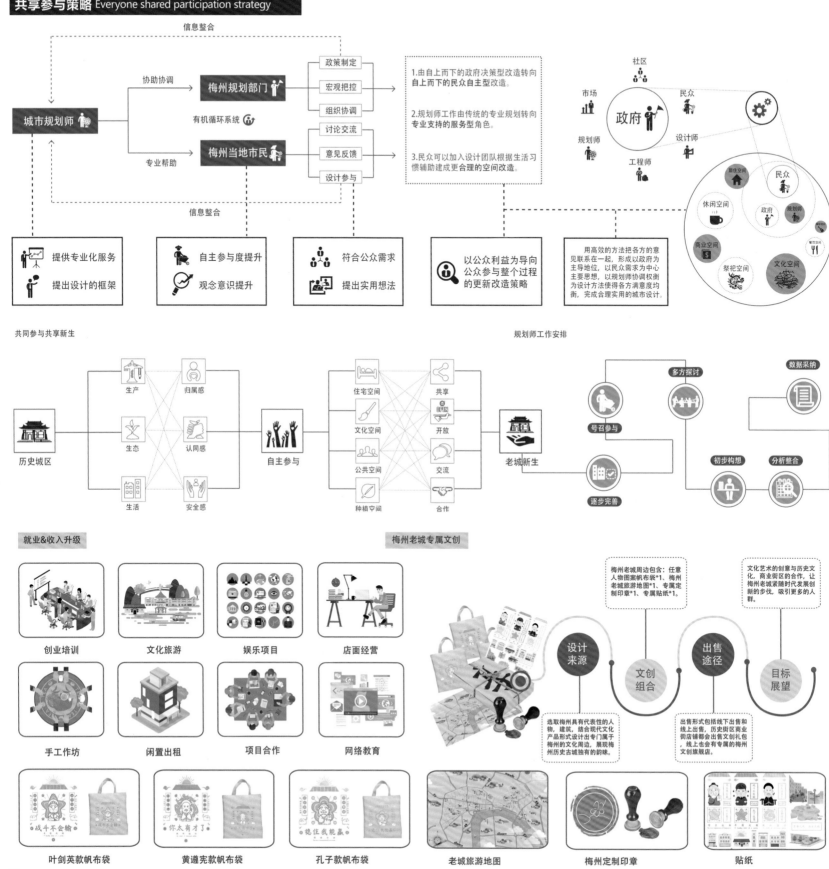

# 共享参与策略 Everyone shared participation strategy

信息整合

城市规划师

协助协调 → 梅州规划部门 → 政策制定 / 宏观把控 / 组织协调

有机循环系统

专业帮助 → 梅州当地市民 → 讨论交流 / 意见反馈 / 设计参与

信息整合

1.由自上而下的政府决策型改造转向自上而下的民众自主型改造。

2.规划师工作由传统的专业规划转向专业支持的服务型角色。

3.民众可以加入设计团队根据生活习惯辅助建成更合理的空间改造。

社区 / 市场 / 民众 / 规划师 / 政府 / 设计师 / 工程师

居住空间 / 民众 / 休闲空间 / 政府 / 规划师 / 商业空间 / 祭祀空间 / 文化空间

提供专业化服务 / 提出设计的框架

自主参与度提升 / 观念意识提升

符合公众需求 / 提出实用想法

以公众利益为导向公众参与整个过程的更新改造策略

用高效的方法把各方的意见联系在一起，形成以政府为主导地位，以民众需求为中心主要思想，以规划师协调权衡为设计方法使得各方满意度均衡，完成合理实用的城市设计。

共同参与共享新生

历史城区 → 生产 / 生态 / 生活 / 归属感 / 认同感 / 安全感 → 自主参与 → 住宅空间 / 文化空间 / 公共空间 / 种植空间 / 共享 / 开放 / 交流 / 合作 → 老城新生

规划师工作安排

多方探讨 / 数据采纳 / 号召参与 / 初步构想 / 分析整合 / 逐步完善

## 就业&收入升级

创业培训 / 文化旅游 / 娱乐项目 / 店面经营

手工作坊 / 闲置出租 / 项目合作 / 网络教育

## 梅州老城专属文创

梅州老城周边包含：任意人物图案帆布袋*1、梅州老城旅游地图*1、专属定制印章*1、专属贴纸*1。

文化艺术的创意与历史文化、商业街区的合作，让梅州老城紧随时代发展创新的步伐，吸引更多的人群。

设计来源 / 文创组合 / 出售途径 / 目标展望

选取梅州具有代表性的人物，建筑，结合现代文化产品形式设计出专门属于梅州的文化周边，展现梅州历史古城独有的韵味。

出售形式包括线下出售和线上出售，历史街区商业街店铺都会出售文创礼包，线上也会有专属的梅州文创旗舰店。

叶剑英款帆布袋 / 黄遵宪款帆布袋 / 孔子款帆布袋 / 老城旅游地图 / 梅州定制印章 / 贴纸

战斗不会输 / 你太有才了 / 稳住我能赢

# 共享参与策略 Everyone shared participation strategy

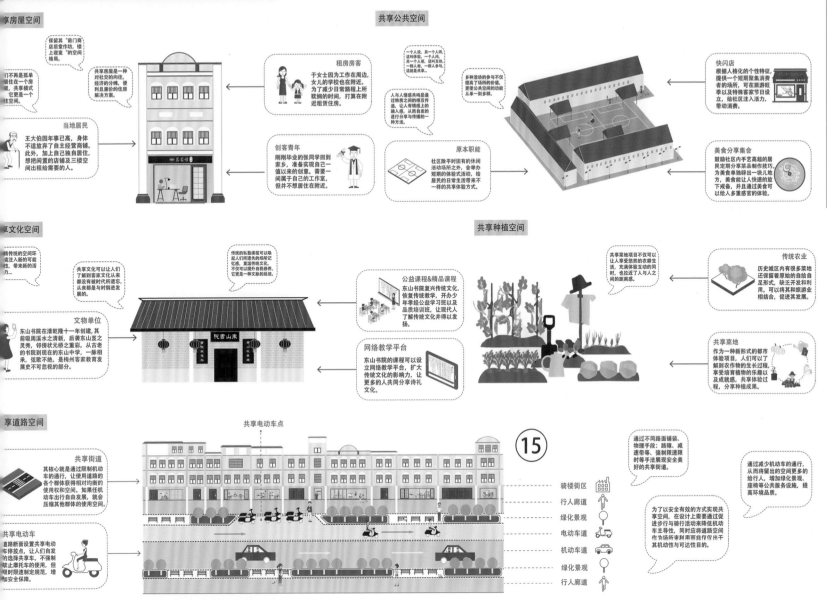

**共享房屋空间**

**共享公共空间**

**租房房客**
于女士因为工作在周边，女儿的学校也在附近。为了减少日常路程上所耗损的时间，打算在附近租赁住房。

保留其"前门商店后坊作坊，楼上居室"的空间植局。

门不再是孤单居住在一个房间里，共享模式它更是一个社交空间。

共享房屋是一种对社交的向往，经济的分摊，便利且廉价的住居解决方式。

一个人看，另一个人听，这叫体验；一个人闹，一群人笑，这叫互动；一群人看，一群人参与，这就是共享。

人与人情感共鸣是通过物质之间的相互作用，让人有情感上的融入感，从而自发的进行分享与传播的一种方法。

多种活动的参与不仅会提高对场所的参与，更使数公共空间的功能从单一到丰富。

**快闪店**
根据人格化的个性特征，提供一个短期聚集消费者的场所，可在旅游旺季以及特殊客家节日设立，给社区注入活力，带动消费。

**当地居民**
王大伯因年事已高，身体不适应放弃了自主经营商铺。此外，加上自己独自居住，想把闲置的店铺与三楼空间出租给需要的人。

**创客青年**
刚刚毕业的张同学回到家乡，准备实现自己一直以来的创意。需要一间属于自己的工作室，但并不想居住在附近。

**原本职能**
社区除平时固有的休闲活动场所之外，会举办短期的快闪式活动，给居民的日常生活带来不一样的共享体验方式。

**美食分享集会**
鼓励社区内手艺高超的居民定期分享菜品制作技巧。为美食单独辟出一块儿地方，美食能让人快速的放下戒备，并且通过美食可以给人多重感官的体验。

**共享文化空间**

**共享种植空间**

将传统的空间环境注入新的可能性，带来新的活力...

共享文化可以让人们了解到客家文化从来都没有被时代所遗忘，从来都是与时俱进发展的。

传统的私塾课程可以恢复起人们所遗失的场所记忆感，重温传统文化。不可可以提升会竞争，它更是一种文脉的延续。

**公益课程&精品课程**
东山书院复兴传统文化，恢复传统教学，开办少年孝经公益学习班以及品质培训班，让现代人了解传统文化并得以发扬。

**网络教学平台**
东山书院的课程可以设立网络教学平台，扩大传统文化的影响力，让更多的人共同分享诗礼文化。

共享菜地不仅以可以让人享受悠久的农耕生活，充满体验互动的同时，也拉近了人与人之间的距离感。

**传统农业**
历史城区内还保留原始的自给自足形式，缺乏开发和利用。可以将其和旅游业相结合，促进其发展。

**文物单位**
东山书院在清乾隆十一年创建，其前吸周溪水之清新，后袭东山岚之灵秀，邻倚状元桥之重彩。从古老的书院到现在的东山中学，一脉相承，弦歌不息。是梅州客家教育发展史不可忽视的部分。

**共享菜地**
作为一种新形式的都市体验项目，人们可以了解到农作物的生长过程，享受培育植物的乐趣以及成就感，共享体验过程，分享种植成果。

**共享道路空间**

共享电动车点

⑮

**共享街道**
其核心就是通过限制机动车的通行，让使用道路的各个群体获得相对均匀的使用权利与空间。如果任机动车出行自由发展，就会压缩其他群体的使用空间。

**共享电动车**
道路断面设置共享电动车停放点，让人们自发的选择共享车。不强制禁止摩托车的使用，但限时限速制定规范，增加安全保障。

骑楼街区
行人廊道
绿化景观
电动车道
机动车道
绿化景观
行人廊道

通过不同路面铺装、物理手段：路障、减速带等，强制限速限时等手法展现安全美好的共享街道。

通过减少机动车的通行，从而将留出的空间更多的给行人，增加绿化景观、座椅等公共服务设施，提高环境品质。

为了以安全有效的方式实现共享空间，在设计上需要通过促进步行与骑行活动来降低机动车主导性，同时应将道路空间作为场所来利用而非仅仅出于其功能性与可达性目的。

# 共享理念的细部设计 Detailed design of shared idea

**共享社区节点设计**

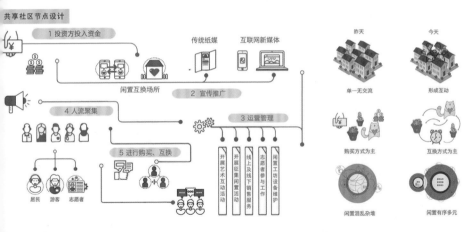

1 投资方投入资金
传统纸媒　互联网新媒体
闲置互换场所
2 宣传推广
4 人流聚集
3 运营管理
5 进行购买、互换
居民　游客　志愿者
开展艺术互动活动　开展征集闲置活动　线上及线下销售服务　志愿者参与工作　闲置工坊设备维护

昨天　今天
单一无交流　形成互动
购买方式为主　互换方式为主
闲置混乱杂堆　闲置有序多元

共享社区室内效果图

# 共享理念的细部设计 Detailed design of shared idea

## 共享文化节点设计

### 运作：鼓励文化新生

强化原有文化并注入新的
表现形式

公益性与非公益性的平衡
创造良好的公共环境

公共空间与私密空间的和
谐共生

人与人的交流由地缘性联系起来，文化活动打破原住民与游客的隔阂，与"客"共享文化活动

多功能融合形成复合功能
的文化空间

内外空间相互交融贯通增
加游憩空间

增加与当地文化相关的商
服调整产业结构

公共空间与传统文化设施的建设为人们营造温馨舒适的整体氛围，让人们找到独有的归属感。

### 运作：鼓励更多的公共停留空间

减缓人群流动积聚人气
，为活动场所带来更多
的客流量，也使人们可
以在惬意时进行短智的
休憩。

休憩　　散步　　观赏　　表演　　临时工作　　聊天　　存包

### 运作：鼓励临时性装置

展示空间　　种植空间　　书法空间　　工作空间　　售卖空间

临时性活动场所
通过空间和时间上
的流动性影响人群
活动方式。

体验空间　　游乐空间　　表演空间　　休闲空间　　趣味空间

多样的空间提供活
动多样变化的可能
性，也促进了人与
人交往的多样性。

## 共享菜地节点设计

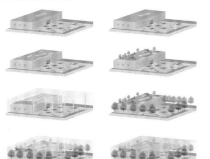 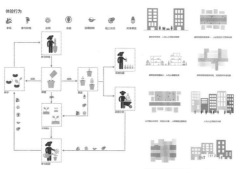

八角亭公园效果图

学宫院落效果图

共享菜地节点效果图

## 美食集会节点设计

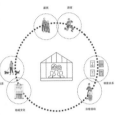

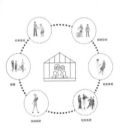

随着共享生活的渗透
美食共享空间可能会被延伸为……

共享的优势在于它可以让人们平视着中进行人际交往，修复恢复了本该有的人际关系网

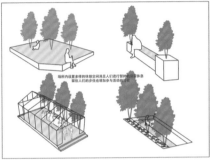

场所内设置多样的体憩空间满足人们进行智时的短暂休息，留住人们的步伐也增加参与酒店的可能性

共享公共空间效果图

## 共享道路节点设计

无处 | 步行 | 骑行

机动车丰导 → 行人主导

### 共享性

电动车、汽车、人行同享用街道，机动车不再是道路主宰，行人逐渐主导街道。且设有共享电动车停放点，鼓励共享交通。

### 安全性

人行与街道中间建立绿植带和休息座椅，一方面起到安全保障作用，另一方面通过添加道家具，使得街道整体充满情味，增添公共设施。

### 公共性

在社区内街道添加公共小节点，丰富居民日常生活活动，增添趣味，增进人与人之间的交流，将小节点赋予功能，增加绿植使社区生活更加活跃。

行走 | 穿路 | 共行 | 休憩 | 限速 | 绿景 | 夜间

凌风西路道路效果图

## 城区肌理改造前后 Urban fabric reconstruction

### 街道网络

现状肌理

建后肌理

### 景观绿化

现状肌理

建后肌理

### 开敞空间

现状肌理

建后肌理

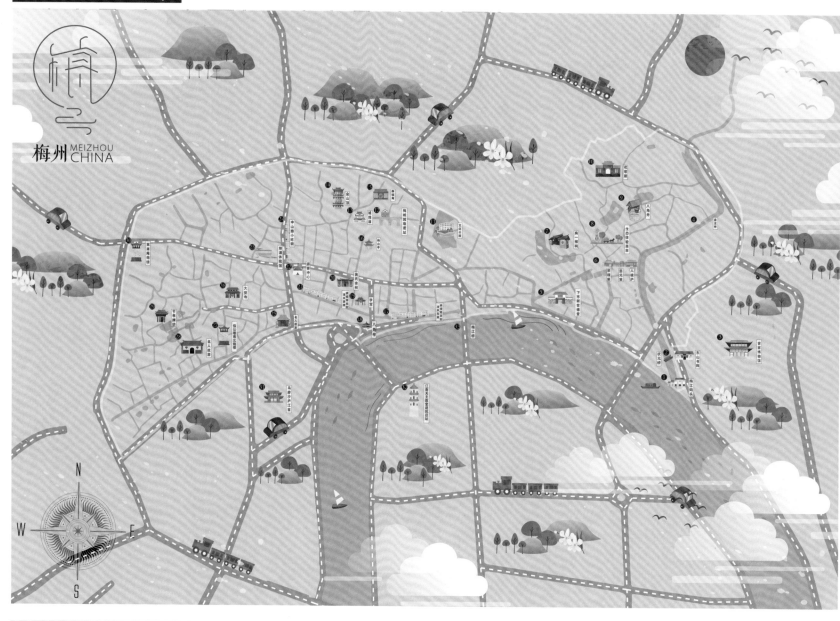

旅游巴士路线规划

人行漫游路线规划

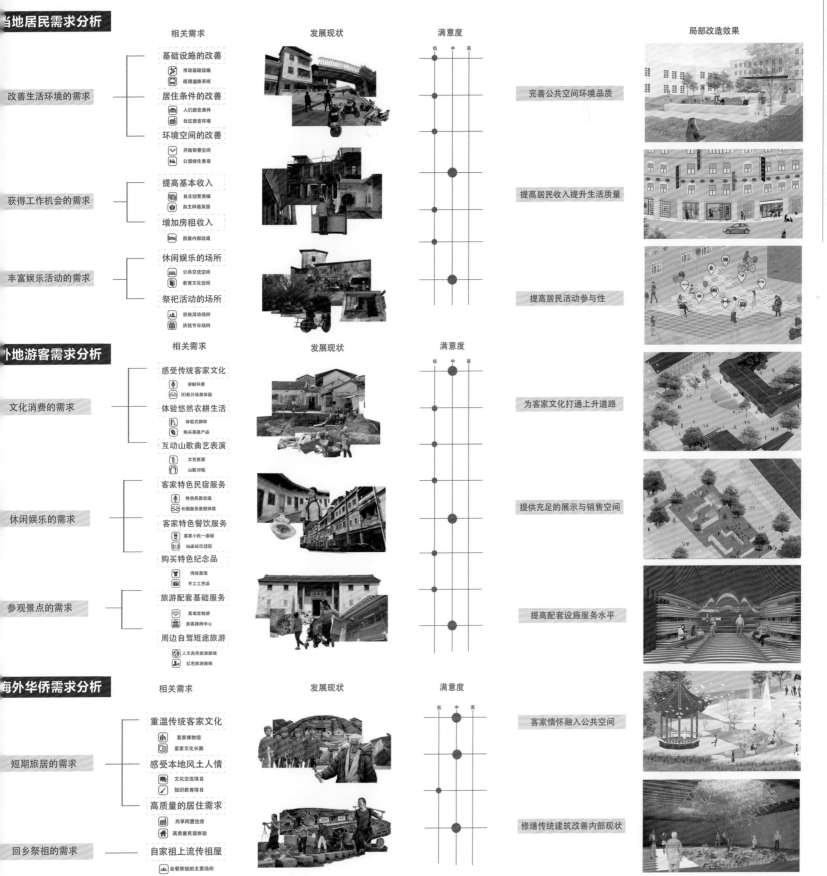

## 当地居民需求分析

| 相关需求 | 发展现状 | 满意度 | 局部改造效果 |
|---|---|---|---|

改善生活环境的需求
- 基础设施的改善
  - 市政基础设施
  - 疏理道路系统
- 居住条件的改善
  - 人们居住条件
  - 社区居住环境
- 环境空间的改善
  - 开敞街巷空间
  - 公园绿化景观

完善公共空间环境品质

获得工作机会的需求
- 提高基本收入
  - 自主经营商铺
  - 自主种植菜园
- 增加房租收入
  - 房屋内部改造

提高居民收入提升生活质量

丰富娱乐活动的需求
- 休闲娱乐的场所
  - 公共交往空间
  - 教育文化空间
- 祭祀活动的场所
  - 宗族活动场所
  - 庆祝节日场所

提高居民活动参与性

## 外地游客需求分析

| 相关需求 | 发展现状 | 满意度 | |
|---|---|---|---|

文化消费的需求
- 感受传统客家文化
  - 讲解科普
  - 3D影片场景体验
- 体验悠然农耕生活
  - 体验式耕种
  - 购买果蔬产品
- 互动山歌曲艺表演
  - 文艺表演
  - 山歌对唱

为客家文化打通上升道路

休闲娱乐的需求
- 客家特色民宿服务
  - 特色民居改造
  - 长租服务度假体验
- 客家特色餐饮服务
  - 客家小吃一条街
  - 现场制作过程
- 购买特色纪念品
  - 传统服饰
  - 手工工艺品

提供充足的展示与销售空间

参观景点的需求
- 旅游配套基础服务
  - 高端定制游
  - 游客接待中心
- 周边自驾短途旅游
  - 人文自然旅游路线
  - 红色旅游路线

提高配套设施服务水平

## 海外华侨需求分析

| 相关需求 | 发展现状 | 满意度 | |
|---|---|---|---|

短期旅居的需求
- 重温传统客家文化
  - 客家博物馆
  - 客家文化长廊
- 感受本地风土人情
  - 文化交流项目
  - 知识教育项目
- 高质量的居住需求
  - 共享闲置住房
  - 高质量民宿体验

客家情怀融入公共空间

回乡祭祖的需求
- 自家祖上流传祖屋
  - 会餐祭祖的主要场所

修缮传统建筑改善内部现状

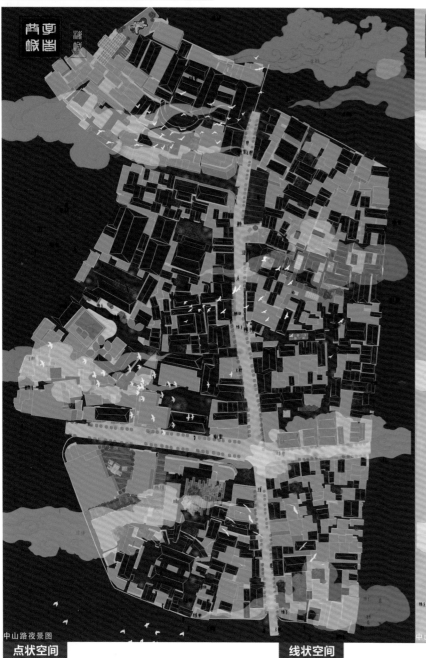

中山路夜景图

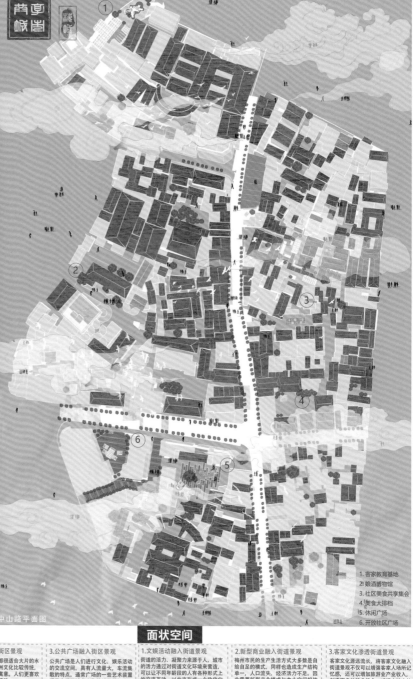

中山路平面图

1. 客家教育基地
2. 娘酒博物馆
3. 社区美食共享集会
4. 美食大排档
5. 休闲广场
6. 开放社区广场

## 点状空间

**1.绿意融入节点景观**

城市的生态化最注重是城市的绿化率，一个适合人活动的区域一定是绿意盎然的，且包含一定休闲设施，同样在夜间时，人们也会选择在此活动。

参与方式

空间需求

绿化率高
休闲交往的空间
夜间光照充足

空间实施

**2.风俗文化融入节点景观**

历史街区所表现重点是独特的本地文化风俗，将其具像化作为街区的一部分，即可以让当地人铭记自己的文化传承，也让游客了解了文化特色。

参与方式

空间需求

原有的空间属性
充足的交通空间
社会公共性
自身独立性

空间实施

**3.诗礼传承融入节点景观**

教育文化是一个城市中不可缺少的一部分，具有教育文化的历史街区往往更能唤起人们心中产生对文化的认同感。

参与方式

空间需求

诗礼文化底蕴深厚
半开放空间
环境整体优雅安静

空间实施

## 线状空间

**1.城市公园融入街区景观**

将大片绿地引入公园景观可以在增加景观的观赏度的同时，人们也可以在其中做一些丰富文娱生活的活动。

参与方式

空间需求

绿化率高
较多的公共空间
交通便利

空间实施

**2.河流水域融入街区景观**

在南方，自然条件都很适合大片的水域景观发展，且梅州文化比较传统，水又有送财运福的寓意。人们更喜欢在滨水景观范围内活动。

参与方式

空间需求

观赏娱乐性
的滨水空间
交通便利
毗邻居民区

空间实施

**3.公共广场融入街区景观**

公共广场是人们进行文化、娱乐活动的交流空间。具有人流量大，车流量散的特点。通常广场的一些艺术装置通常表现了城市文化的符号特征。

参与方式

空间需求

一定的功能意义
完善的基础设施
和谐的游览空间

空间实施

## 面状空间

**1.文娱活动融入街道景观**

街道的活力、凝聚力来源于人。城市的活力通过对街道文化环境来营造，同样也造成生产结构，可以以不同年龄段的人有各种形式上的交流互动，以此来形成一个欣欣向荣的环境氛围。

参与方式

空间需求

日常活动场所
完善的服务设施
空间开阔平坦

空间实施

**2.新型商业融入街道景观**

梅州市民的生产生活方式大多数是自给自足的模式，同样也造成生产结构单一，人口流失，经济活力不足。因此需要新型产业模式与本土空间相结合来刺激经济活力。

参与方式

空间需求

有序的
道路空间
稳定方便的
经营场所

空间实施

**3.客家文化渗透街道景观**

客家文化源远流长，将客家文化融入街道景观不仅可以增强客家人场所记忆感，还可以增加旅游业产业效益，创造更多的就业机会，减缓本地人的人口流失。

参与方式

空间需求

街道具有休闲娱乐性
具有地域特征

空间实施

## 街两用 Street analysis

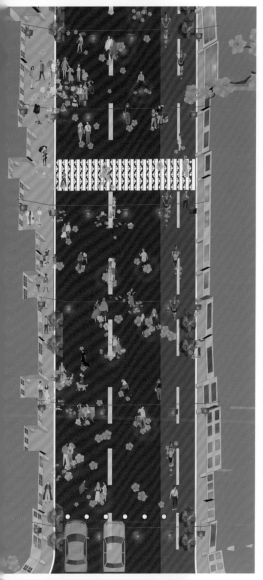

日间人群分析

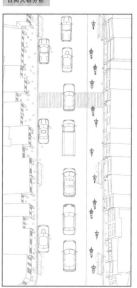

夜间人群分析

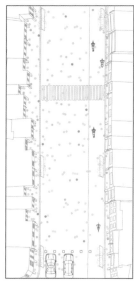

● 商人　● 行人　● 顾客　● 清洁工　　　● 商人　● 行人　● 顾客　● 流动商贩

中山路作为梅江区人流量车流量最大的路段之一，问题在于道路过于狭窄，机动车流线混乱，我们不但提出了"共享街道"还将中山路一街两用，在白天行驶其正常职能，在下午 5:30 到次日 2:00 设置成人人互动共享的新媒体街道。

为了使这两个场景的交替合理有序，我们为道路两侧引入全自动升降路障，定时将中山路隔离将其变为步行街，限制汽车出行，方便居民、游客、商贩等人群的行为活动。

夜间互动分析

花与人，不为所控却能共生。

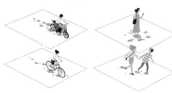

运用新媒体技术，如果在街道驻足梅花就会围绕人们盛开，如果不断行走梅花就会凋谢。即能产生人与人之间的互动，也表示了我们可以保护环境但也可以轻易地破坏他们。

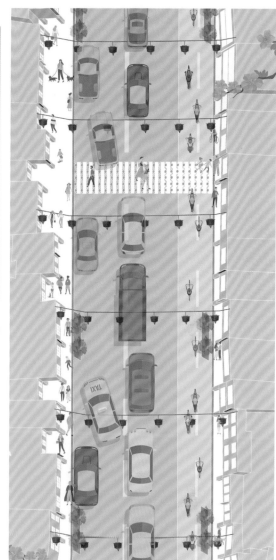

## 业态分布 Distribution format

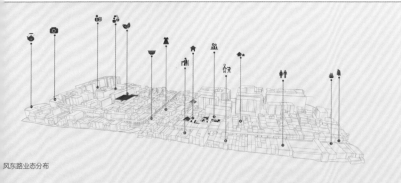

风东路业态分布

客家茶庄　2. 梅州特产店　3. 公共卫生间　4. 共享住宅　5. 共享交流展示区　6. 客家美食馆　7. 共享住宅　8. 书法展示　客家服饰店　10. 陶艺手工体验作坊　11. 共享菜地种植　12. 社区共享平台　13. 社区活动中心　14. 梅州旅拍　15. 擂茶验馆

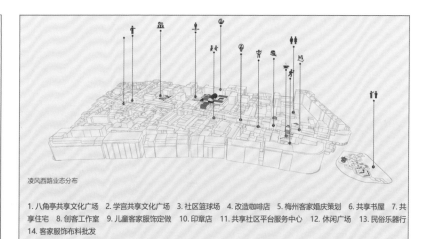

凌风西路业态分布

1. 八角亭共享文化广场　2. 学宫共享文化广场　3. 社区篮球场　4. 改造咖啡店　5. 梅州客家婚庆策划　6. 共享书屋　7. 共享住宅　8. 创客工作室　9. 儿童客家服饰定做　10. 印章店　11. 共享社区平台服务中心　12. 休闲广场　13. 民俗乐器行　14. 客家服饰布料批发

## 凌风东西路平面图 Lingfeng road map

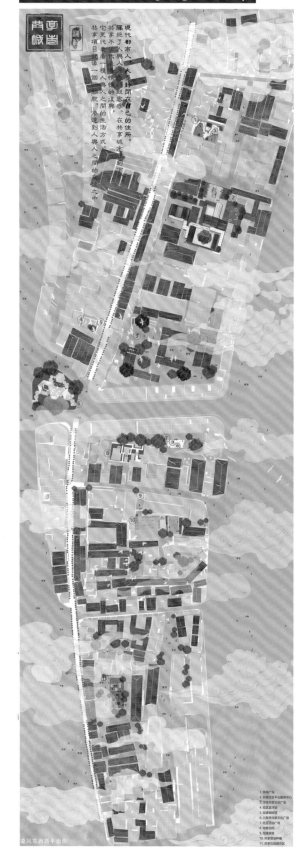

## 建筑设计 Building design

共享社区平台服务中心效果图

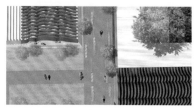 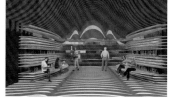 

### 一层平面功能分区

1 树池
2 中庭
3 通道
4 展示空间
5 展示空间
6 闲置互换区
7 入口
8 小型影院
9 花鸟小市场

### 二层平面功能分区

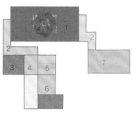

1 展览空间
2 通道
3 共享图书馆
4 过渡空间
5 小型咖啡屋
6 展览空间
7 小型影院

### 交通流线

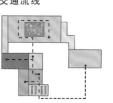 

传统元素　　片段抽取　　体量演变

共享交流展示区效果图

屋改造

共享展示区分析

享展示

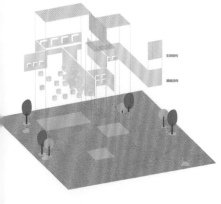

设计推演

**解 元**

有一片田野，它位于是非对错的界域之外。我在那里等你。当灵魂躺卧在那片青草地上时，世界的丰盛，远超出能言的范围。

**曹 松**

对于这一次毕业设计,我感觉个人不但比以前更加熟悉了一些历史城区更新保护方面的知识,还锻炼了自己的动手能力,觉得收获颇丰。同时也会有一种小小的成就感,因为自己在这项任务进行的过程中努力过了。而在以后的实习工作中,我们也应该同样努力,不求最好，只求更好!

**李晓娟**

这次规划其实让我意识到，当你想要弄清一件事的时候，摒弃思虑。想想思虑是谁制造出来的!为什么你要让自己成为囚徒呢?摆脱思虑的纠结，生活在静默之中。不断不断地去体验，在体验中探寻城市的新生。

**毛杨欢**

做好自己该做的事，每一件踏实工作之后都会有收获的惊喜，毕业设计如是，未来亦是。感谢!

**田 波**

毕业设计,是我们大学里的最后一道大题,虽然这次的题量很大,看起来困难重重,但是当我们实际操作起来,又会觉得事在人为。只要认真对待,所有的问题也就迎刃而解。

**赵 旭**

一只特立独行的猪。

# 诉客家情　塑有缘城

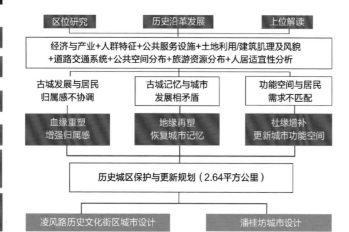

指导老师：陈桔
作　　者：毛杨欢、解元、李晓娟、田波、曹松、赵旭
学　　校：昆明理工大学

## 技术路线

背景研究

基地分析

矛盾总结

目标与策略

历史城区保护与更新规划

重点地段城市设计

区位研究　　历史沿革发展　　上位解读

经济与产业+人群特征+公共服务设施+土地利用/建筑肌理及风貌
+道路交通系统+公共空间分布+旅游资源分布+人居适宜性分析

古城发展与居民归属感不协调　古城记忆与城市发展相矛盾　功能空间与居民需求不匹配

血缘重塑增强归属感　地缘再塑恢复城市记忆　社缘增补更新城市功能空间

历史城区保护与更新规划（2.64平方公里）

凌风路历史文化街区城市设计　　潘桂坊城市设计

## 设计理念

梅州是客家人迁徙最后一次落脚地和聚居地，被誉为"世界客都"。

在这里，梅州承载着客家人的历史，也寄托着世界客人的对未来的发展希望。

我们通过回顾历史诉客家请，对三缘重塑，对梅州深入设计，希冀通过塑有缘城，再塑客家情深。

## 背景研究

### ■ 上位解读

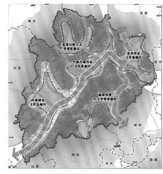

《梅州历史文化名城保护规划》

定位规划地区为历史与现代功能相融合的历史文化体验区。

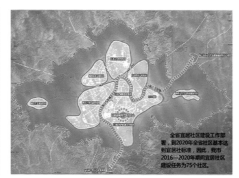

《梅州市宜居社区建设总体规划（2016-2020）》

规划确定以满足社区居民需求为出发点，客家文化因素，并结合近几年发展重点，着重社区生活营造。

### ■ 区位

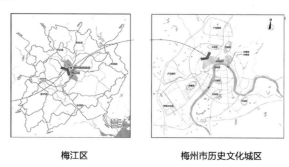

梅江区　　　　　　　　梅州市历史文化城区

### ■ 历史沿革

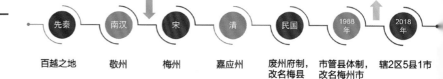

元末，客家人大迁徙，聚居于梅州　　　　1994年，被评为国家历史文化名城

先秦　　南汉　　宋　　清　　民国　　1988年　　2018年

百越之地　敬州　梅州　嘉应州　废州府制，改名梅县　市管县体制，改名梅州市　辖2区5县1市

### ■ 梅州市肌理演变

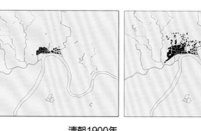

清朝1900年　　　　民国1948年　　　　1963年

1987年　　　　1993年　　　　2012年

## 基地分析

**建筑肌理**

**建筑风貌**
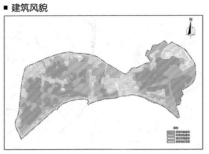

**交通结构**

**旅游资源分布**

**公共空间分布**
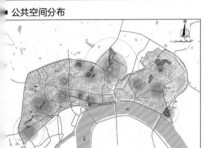

**生态绿地**
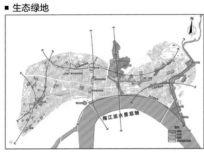

**公共服务设施分布**
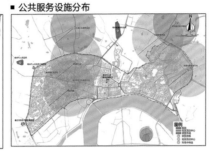

**教育资源分布**
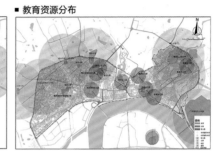

## 基地现状总平面图

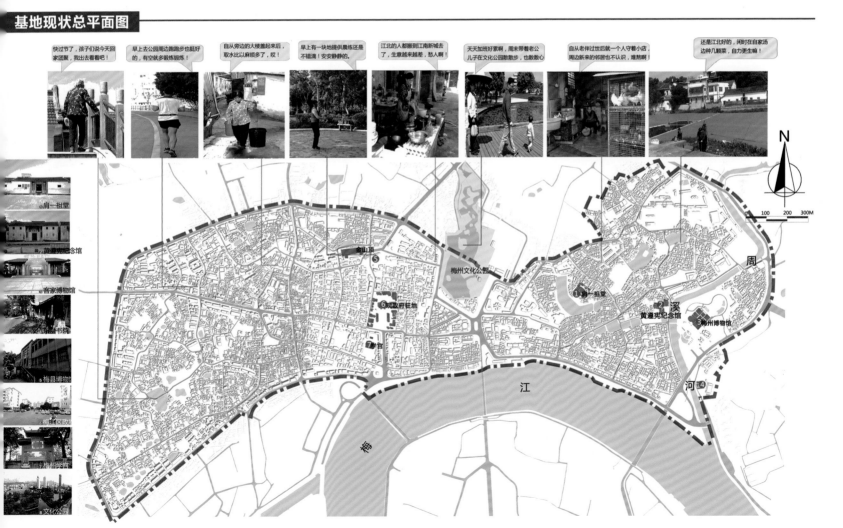

## 古城格局分析

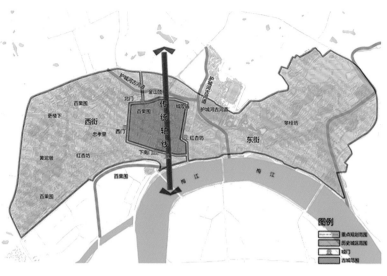

**历史城区保护结构：** 一城两街、 一湾一轴

历史城区 · 西街（红杏坊）东街（攀贵坊） · 梅江自然水稻 · 传统城市风貌轴线

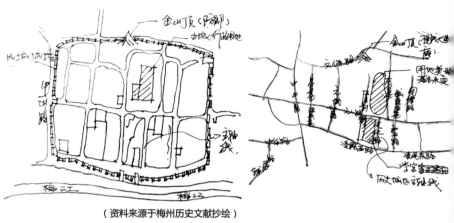

■ 历史古城格局　　　■ 现状街巷格局

（资料来源于梅州历史文献抄绘）

随着时间的演变以及梅州的发展，古城的方格行街、传统中轴以及城墙护城河形成的格局弱化，尤其体现在外城墙和南北中轴上。对此我们考虑城墙及中轴对当地居民的生活意义，对城墙元素进行遗址开放性保护，并不对古城中轴进行空间上强化，而在功能使用上更新，从而达到心理格局的建立。

## 传统聚居肌理分析

围屋式组团

街巷式组团

图例：
历史性建筑
文保单位
水域
历史城区范围

## 土地使用现状

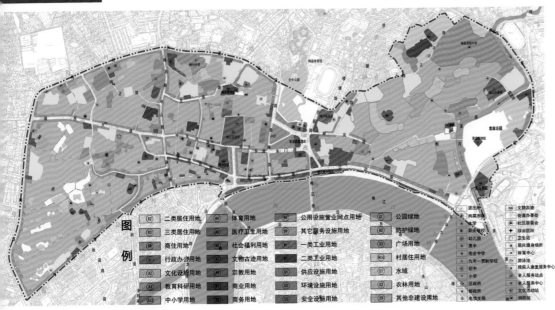

**梅州历史文化城区土地使用现状统计表**

| 代码 | 用地类型 | 面积（㎡） | 比例（%） | 合理（%） |
|---|---|---|---|---|
| R | 居住用地 | 1641213 | 62.2 | 25.0-40.0 |
| R3 | 三类居住用地 | 1237039 | 46.9 | |
| R2 | 二类居住用地 | 177458 | 6.7 | |
| BR | 商住用地 | 226715 | 8.6 | |
| A | 公共设施用地 | 348037 | 13.2 | 5.0-8.0 |
| A1 | 行政办公用地 | 61165 | 2.3 | |
| A3 | 教育科研用地 | 189387 | 7.2 | |
| A5 | 医疗卫生用地 | 12134 | 0.5 | |
| A9 | 宗教用地 | 16129 | 0.6 | |
| A7 | 文物古迹用地 | 68814 | 2.6 | |
| B | 商业用地 | 103623 | 3.9 | |
| M | 工业用地 | 24653 | 0.9 | 15.0-30.0 |
| U | 市政公用设施用地 | 16625 | 0.6 | |
| G | 公共绿地 | 253745 | 9.6 | 10.0-15.0 |
| H14 | 乡村用地 | 101977 | 3.9 | |
| E | 水域和其他用地 | 150127 | 5.7 | |
| | 合计 | 2640000 | 100.0 | |

数据来源于《梅州历史文化名城保护规划》

## 综合用地居住适宜性评价

### ▪ 高程分析

### ▪ 综合交通系统评价

### ▪ 公共服务设施评价

### ▪ 绿地水系评价

■ 综合用地居住适宜性评价

图例（综合适宜性评价）
- <75分
- 75~87.5分
- ≥87.5分

结合居住空间环境，对场地高程分析、综合交通系统、公共服务设施及绿地水系环境四大因子进行评价，并对不同影响因子加权叠加，得出综合用地居住适宜性评价。从图中可见，中部居住适宜性相对较高，而西部、东部片区居住适宜性总体较低，场地宜居性不均衡，城市更新势在必行。

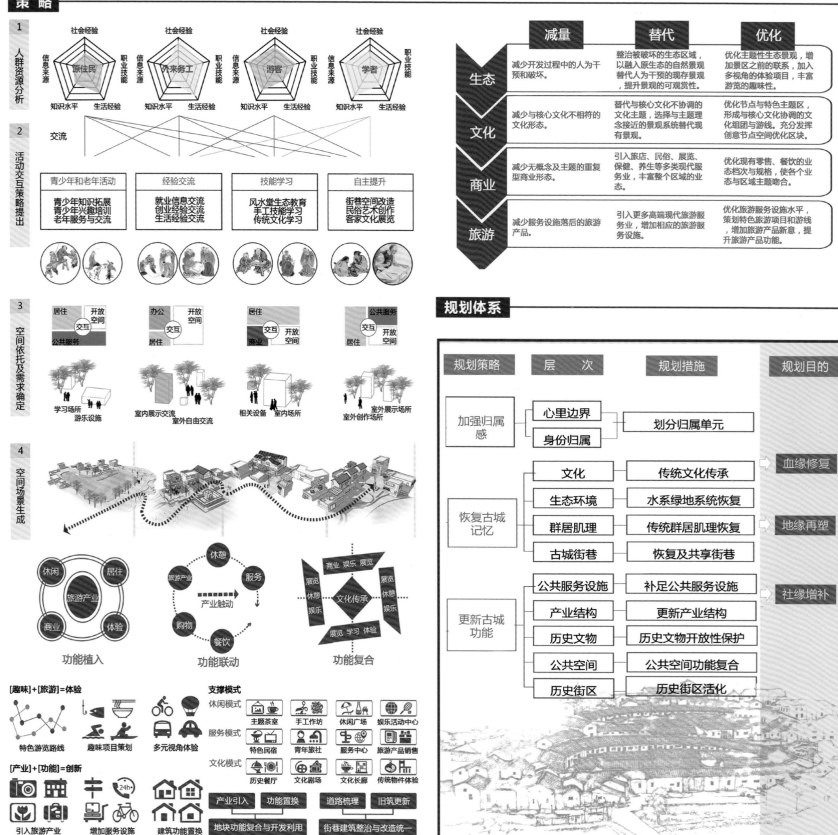

**1 人群资源分析**

社会经验 / 原住民 / 职业技能 / 信息来源 / 知识水平 / 生活经验

社会经验 / 外来务工 / 职业技能 / 信息来源 / 知识水平 / 生活经验

社会经验 / 游客 / 职业技能 / 信息来源 / 知识水平 / 生活经验

社会经验 / 学者 / 职业技能 / 信息来源 / 知识水平 / 生活经验

**2 活动交互策略提出**

交流

| 青少年和老年活动 | 经验交流 | 技能学习 | 自主提升 |
|---|---|---|---|
| 青少年知识拓展<br>青少年兴趣培训<br>老年服务与交流 | 就业信息交流<br>创业经验交流<br>生活经验交流 | 风水堂生态教育<br>手工技能学习<br>传统文化学习 | 街巷空间改造<br>民俗艺术创作<br>客家文化展览 |

|  | 减量 | 替代 | 优化 |
|---|---|---|---|
| 生态 | 减少开发过程中的人为干预和破坏。 | 整治被破坏的生态区域，以融入原生态的自然景观替代人为干预的现存景观，提升景观的可观赏性。 | 优化主题性生态景观，增加景区之前的联系，加入多视角的体验项目，丰富游览的趣味性。 |
| 文化 | 减少与核心文化不相符的文化形态。 | 替代与核心文化不协调的文化主题，选择与主题理念接近的景观系统替代现有景观。 | 优化节点与特色主题区，形成与核心文化协调的文化组团与游线。充分发挥创意节点空间优化区块。 |
| 商业 | 减少无概念及主题的重复型商业形态。 | 引入旅店、民俗、展览、保健、养生等多类现代服务业，丰富整个区域的业态。 | 优化现有零售、餐饮的业态档次与区域主题吻合。 |
| 旅游 | 减少服务设施落后的旅游产品。 | 引入更多高端现代旅游服务业，增加相应的旅游服务设施。 | 优化旅游服务设施水平，策划特色旅游项目和游线，增加旅游产品新意，提升旅游产品功能。 |

**3 空间依托及需求确定**

| 居住 / 开放空间 / 交互 / 公共服务 | 办公 / 开放空间 / 交互 / 居住 | 居住 / 开放空间 / 交互 / 商业 | 公共服务 / 交互 / 开放空间 / 居住 |
|---|---|---|---|

学习场所 / 游乐设施

室内展示交流 / 室外自由交流

相关设备 / 室内场所

室外展示场所 / 室外创作场所

**规划体系**

| 规划策略 | 层 次 | 规划措施 | 规划目的 |
|---|---|---|---|
| 加强归属感 | 心里边界<br>身份归属 | 划分归属单元 |  |
| 恢复古城记忆 | 文化 | 传统文化传承 | 血缘修复 |
| | 生态环境 | 水系绿地系统恢复 | 地缘再塑 |
| | 群居肌理 | 传统群居肌理恢复 | |
| | 古城街巷 | 恢复及共享街巷 | |
| 更新古城功能 | 公共服务设施 | 补足公共服务设施 | 社缘增补 |
| | 产业结构 | 更新产业结构 | |
| | 历史文物 | 历史文物开放性保护 | |
| | 公共空间 | 公共空间功能复合 | |
| | 历史街区 | 历史街区活化 | |

**4 空间场景生成**

功能植入

休闲 / 居住 / 旅游产业 / 商业 / 体验

功能联动

休憩 / 服务 / 旅游产业 / 产业触动 / 购物 / 餐饮

功能复合

商业 娱乐 展览 / 展览 休憩 娱乐 / 文化传承 / 展览 学习 体验

[趣味]+[旅游]=体验

特色游览路线 / 趣味项目策划 / 多元视角体验

支撑模式

休闲模式：主题茶室 / 手工作坊 / 休闲广场 / 娱乐活动中心

服务模式：特色民宿 / 青年旅社 / 服务中心 / 旅游产品销售

文化模式：历史餐厅 / 文化剧场 / 文化长廊 / 传统物件体验

[产业]+[功能]=创新

引入旅游产业 / 增加服务设施 / 建筑功能置换

产业引入 / 功能置换 / 道路梳理 / 旧筑更新

地块功能复合与开发利用 / 街巷建筑整治与改造统一

### 血缘修复

划分归属单元

现状身份归属边界 ▶

规划身份归属边界 ▼

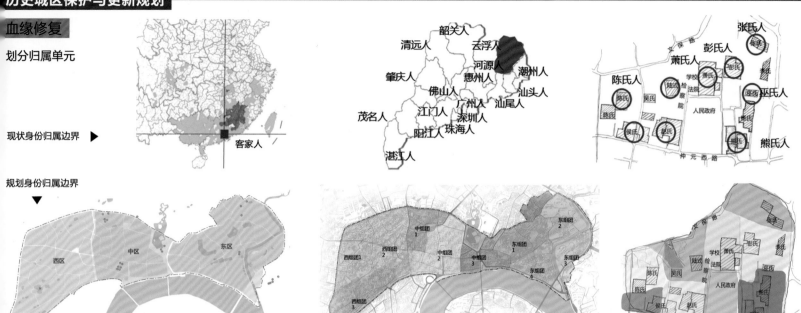

### 地缘再塑

**传统文化传承**

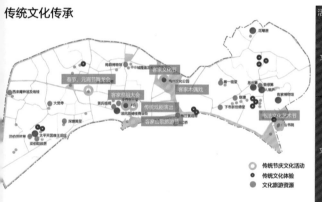

传统节庆文化活动
传统文化体验
文化旅游资源

| 活动类别 | 活动内容 | 活动地点 |
|---|---|---|
| 文化活动 | 客家文化节 | 梅州文化公园 |
| | 客家祭祖大会 | 学宫文化广场 |
| | 传统戏剧演出 | 学宫文化广场 |
| | 书法文化艺术节 | 东山公园 |
| | 春节、元宵节舞龙会 | 凌风路、中山路 |
| | 客家山歌旅游节 | 凌风路、中山路 |
| | 客家木偶戏 | 梅州文化公园 |
| 文化体验 | 华侨祭祖庆典 | 华侨博物馆 |
| | 古城文化观光游线 | 梅州历史文化城区 |
| | 扎染体验 | 围龙屋手工作坊 |
| | 腌面制作与体验 | 店铺、围龙屋 |
| | 盐焗鸡制作 | 围龙屋手工作坊 |
| | 女红体验 | 围龙屋手工作坊 |
| | 书法体验 | 围龙屋、广场 |
| | 果园采摘、居民市场 | 果园、菜地 |
| | 垂钓、捕鱼、采荷 | 水塘 |
| | 足球文化体验 | 社区非标足球场 |

**■ 水系绿地系统恢复**

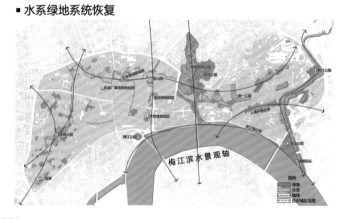

梅江滨水景观轴

**人性化小街区密度网**

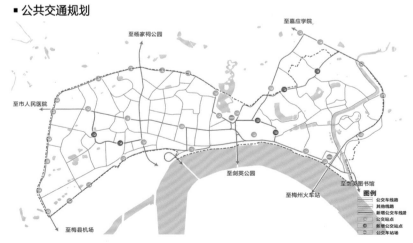

**■ 公共交通规划**

■ 公共交通——公交车路线及站点规划

■ 公共交通——微驿站规划1

■ 公共交通——微驿站规划2

社缘更新

■ 产业结构更新——旅游+文化

文化资源分区规划

古城游线及游客服务体系规划

梅州游线规划

■ 产业结构更新——旅游+运动

梅州马拉松项目规划

梅州客家半程马拉松赛

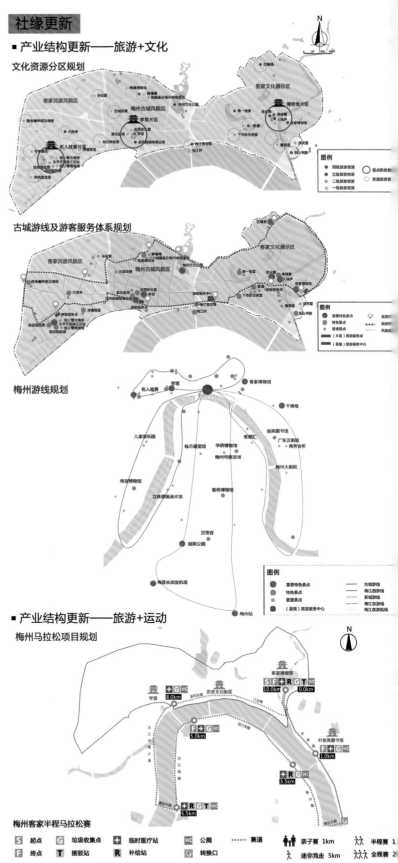

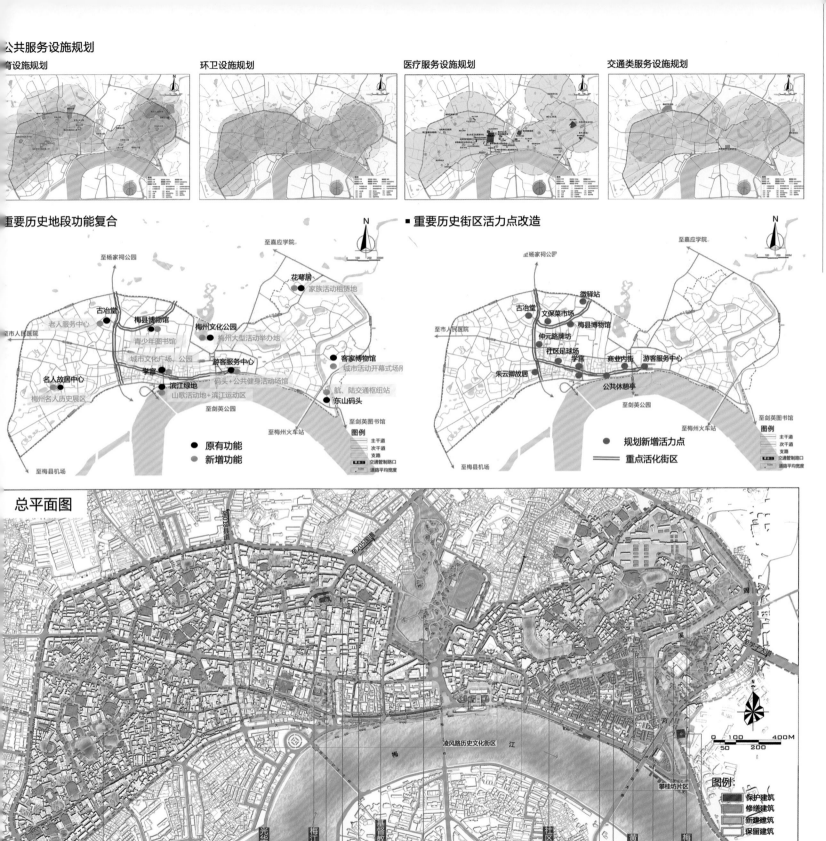

## 公共服务设施规划

育设施规划

环卫设施规划

医疗服务设施规划

交通类服务设施规划

## 重要历史地段功能复合

■ 重要历史街区活力点改造

图例
● 原有功能
● 新增功能

● 规划新增活力点
━━ 重点活化街区

## 总平面图

图例：
■ 保护建筑
■ 修缮建筑
□ 新建建筑
□ 保留建筑

0 50 100 200 400M

## 效果图

凌风竹影几度秋
学宫夕阳水渐流
静谧梅江重振作
客从何来环江游

## 慢行网络

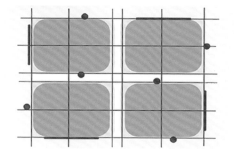

——— 步行

═══ 非机动车步行

━━━ 停车带

● 公交站

巷道

主要历史街道

在保持街区肌理的前提下
合理打通步行巷道网络

从边缘伸入的机动车道

## 开发模式

传统用地开发模式：
用地周边开放

集约地块开发模式：
合并绿地空间，设置集中开放的社
区公园

a. 优先选择集中设置公共绿地或广场。每个千米单元内至少有一个大型公共绿地或广场，其面积不小于1000平方米。

b. 每个街区内单个开放空间的面积不小于400平方米。

连续统一的界面

渐进式连续的界面

富有节奏感的界面

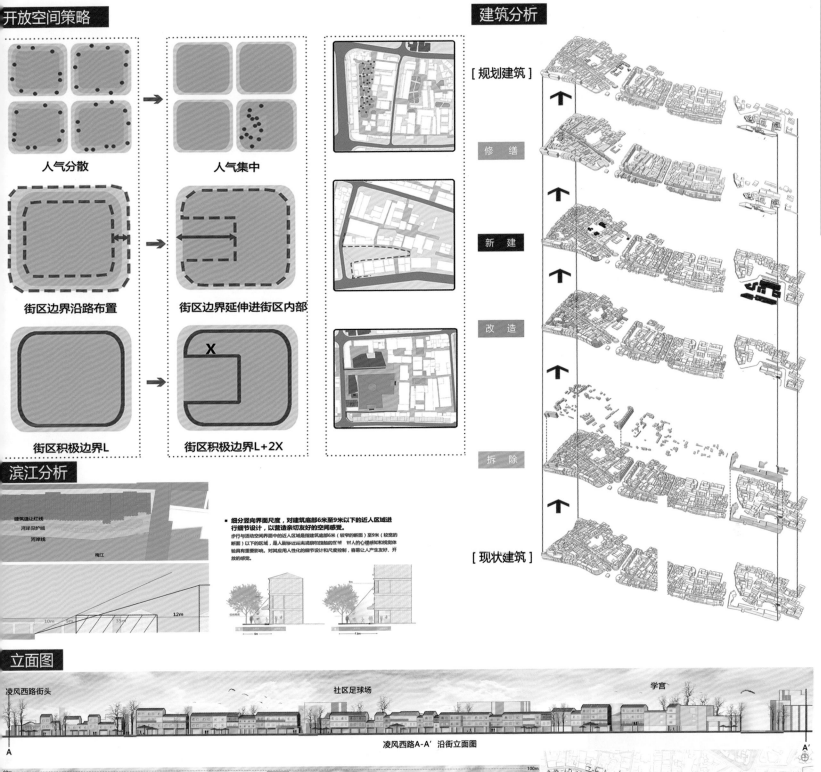

## 开放空间策略

人气分散 → 人气集中

街区边界沿路布置 → 街区边界延伸进街区内部

街区积极边界L → 街区积极边界L+2X

## 建筑分析

[规划建筑]

修缮

新建

改造

拆除

[现状建筑]

## 滨江分析

建筑退让红线
河岸保护线
河岸线
梅江

10m 5m 35m 12m

■ 细分竖向界面尺度，对建筑底部6米至9米以下的近人区域进行细节设计，以营造亲切友好的空间感受。

步行与活动空间界面中的近人区域是指建筑底部6米（较窄的断面）至9米（较宽的断面）以下的区域，是人眼部分近离高视域附和接触的空间。它对人的心理感知和视觉体验具有重要影响。对其应用人性化的细节设计和尺度控制，容易让人产生友好、开放的感觉。

## 立面图

凌风西路街头        社区足球场        学宫

凌风西路A-A'沿街立面图

100m
50m
15m

D=200米
D=50米
D=15米

凌风西路
江边路

## 总平面图

经济技术指标:
规划用地面积: 25.7 ha
规划建筑面积: 105330m²
建筑密度: 41.8%
容积率: 1.1
绿地率: 32.4%

凌风路历史街区总平面图

图例
① 创客空间
② 创客公寓
③ 青少年活动中心
④ 活力球场
⑤ 大名博苑幼儿园
⑥ 黄氏祖祠
⑦ 凌西京兆堂
⑧ 文化学习中心
⑨ 学宫
⑩ 东门公园
⑪ 创新创业服务中心
⑫ 太史第
⑬ 大名博苑小学
⑭ 滨河公园
⑮ 码头公园
⑯ 游船码头
⑰ 梅州游客服务中心

## 分析图

图例
—— 新规划机动车道
----- 新规划步行道

图例
Ⓟ 地面公共停车点
Ⓟ 地下公共停车场入口
⬚ 地下公共停车场范围
游船码头
微驿站
旅游巴士站点
公交车站点

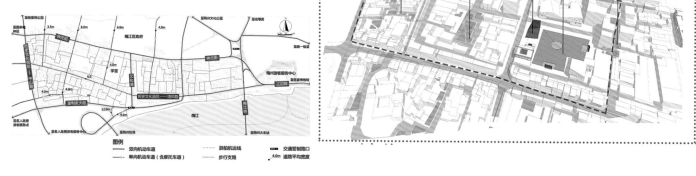

图例
—— 双向机动车道
—·— 单向机动车道(含摩托车道)
----- 游船航运线
······ 步行支路
交通管制路口
4.0m 道路平均宽度

## 活力街区

### 活力单元:

历史院落
保护改造

青少年文体活动
空间置入

重点文化设施打造
休闲文教体系

滨江活力
渗透

中老年活动
提供积极空间

城市重要旅游
服务节点

### 理想街区:

增强街区内外的连接性

街区内活力共享
营造积极空间

多层次人群可参与活动

主题设施置入
社区文化培育

与综合活力节点连接
增加血缘对社缘影响力

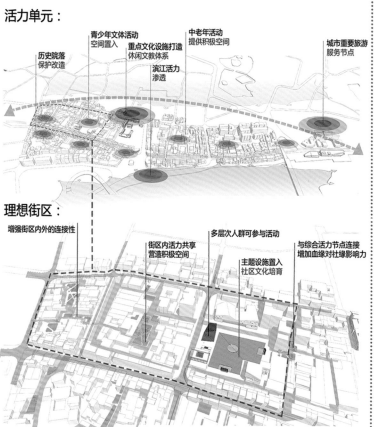

## 建筑功能置换

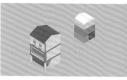

## 主要活力点

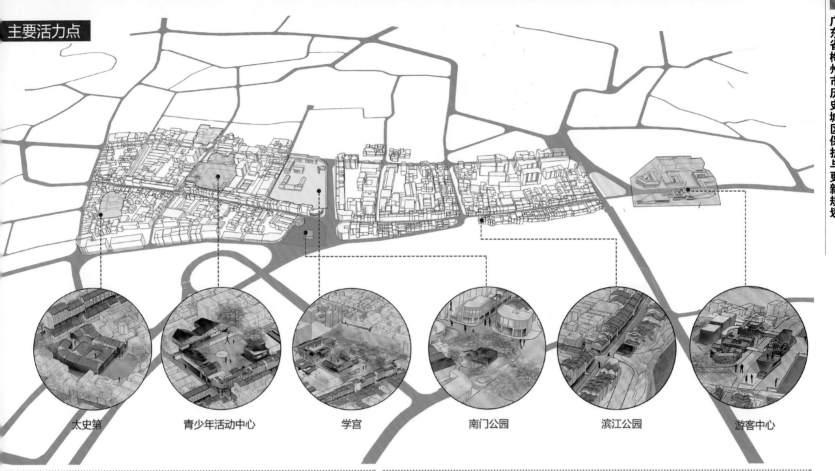

太史第　　　青少年活动中心　　　学宫　　　南门公园　　　滨江公园　　　游客中心

## 界面分析

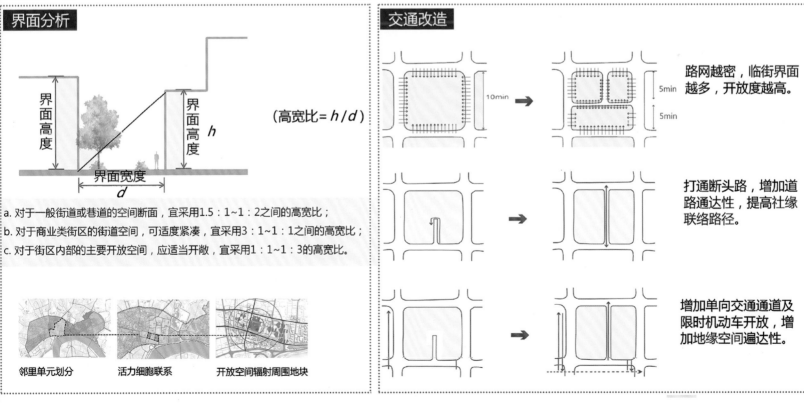

（高宽比＝ $h/d$ ）

界面高度

界面高度 $h$

界面宽度 $d$

a. 对于一般街道或巷道的空间断面，宜采用1.5：1~1：2之间的高宽比；

b. 对于商业类街区的街道空间，可适度紧凑，宜采用3：1~1：1之间的高宽比；

c. 对于街区内部的主要开放空间，应适当开敞，宜采用1：1~1：3的高宽比。

邻里单元划分　　　活力细胞联系　　　开放空间辐射周围地块

## 交通改造

10min　　　5min　　　5min

路网越密，临街界面越多，开放度越高。

打通断头路，增加道路通达性，提高社缘联络路径。

增加单向交通通道及限时机动车开放，增加地缘空间遍达性。

# 重点地段城市设计——攀桂坊

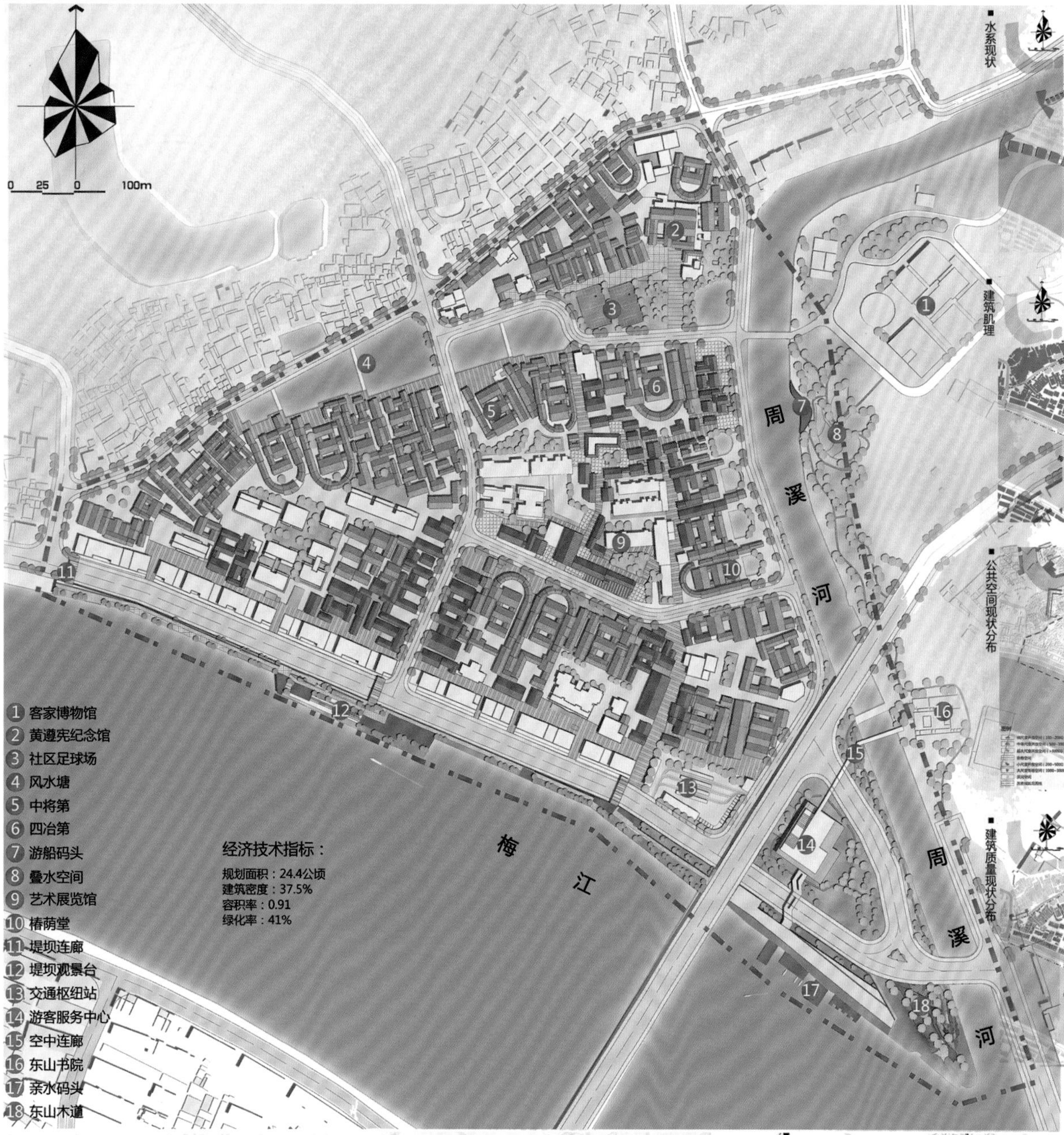

0 25 0 100m
周溪河
梅江
周溪河
1 客家博物馆
2 黄遵宪纪念馆
3 社区足球场
4 风水塘
5 中将第
6 四治第
7 游船码头
8 叠水空间
9 艺术展览馆
10 椿荫堂
11 堤坝连廊
12 堤坝观景台
13 交通枢纽站
14 游客服务中心
15 空中连廊
16 东山书院
17 亲水码头
18 东山木道
经济技术指标：
规划面积：24.4公顷
建筑密度：37.5%
容积率：0.91
绿化率：41%


水系现状

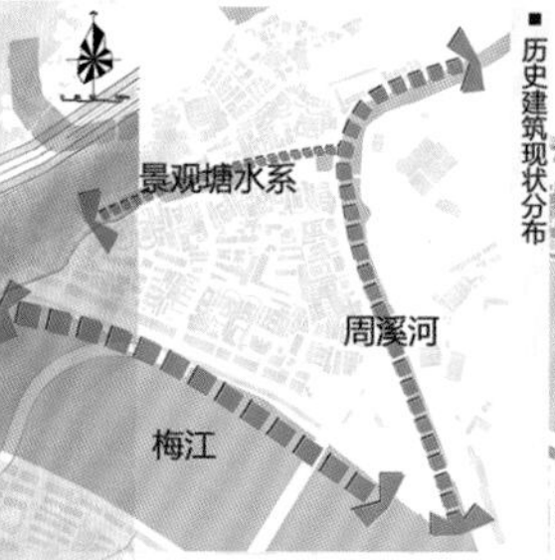

景观塘水系
周溪河
梅江


历史建筑现状分布

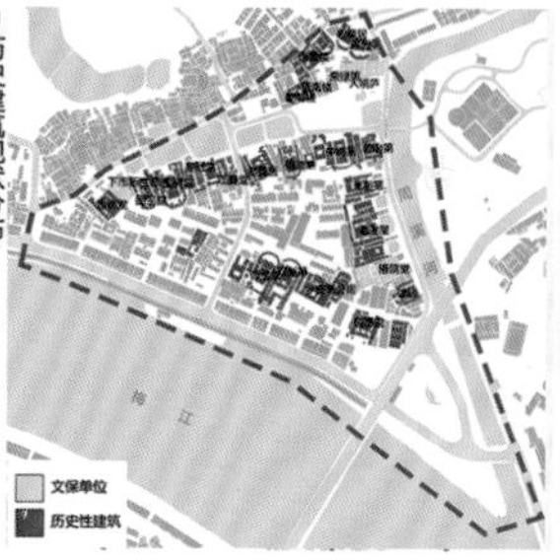

文保单位
历史性建筑


建筑肌理

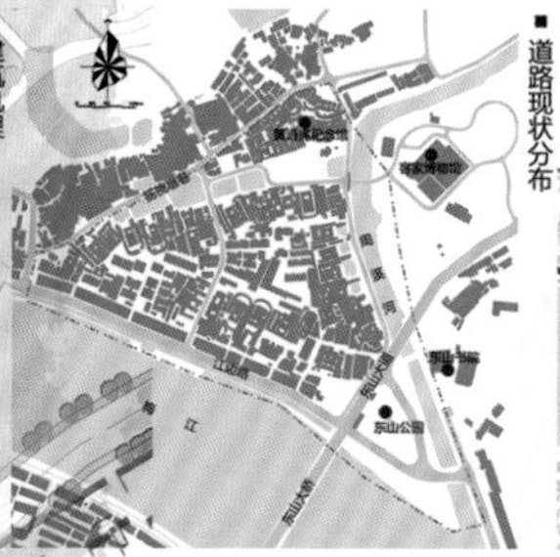

道路现状分布

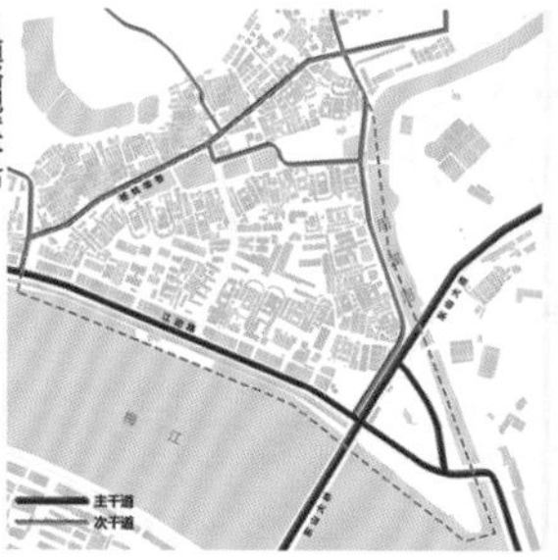

公共空间现状分布

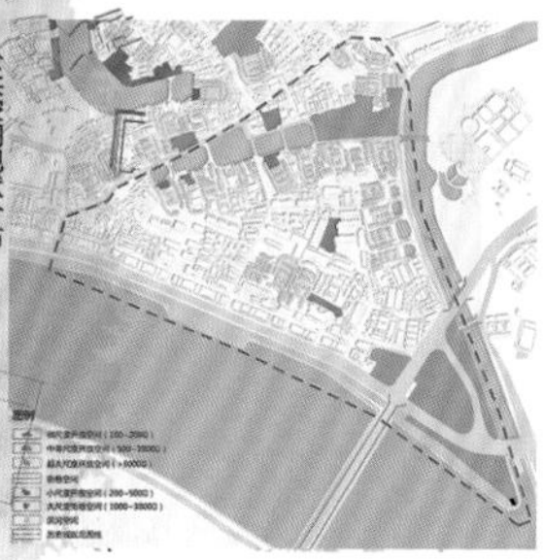

氏族现状分布

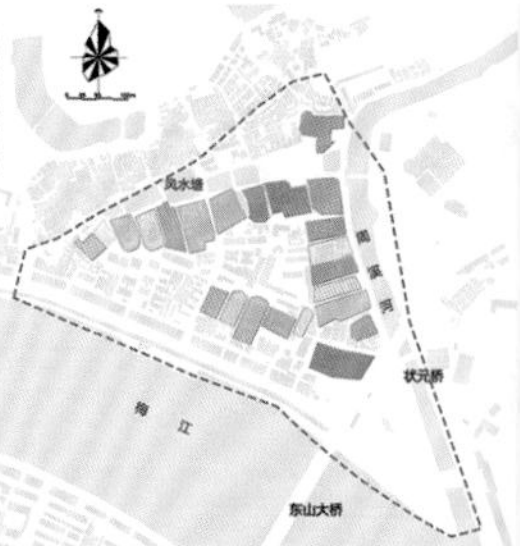

建筑质量现状分布

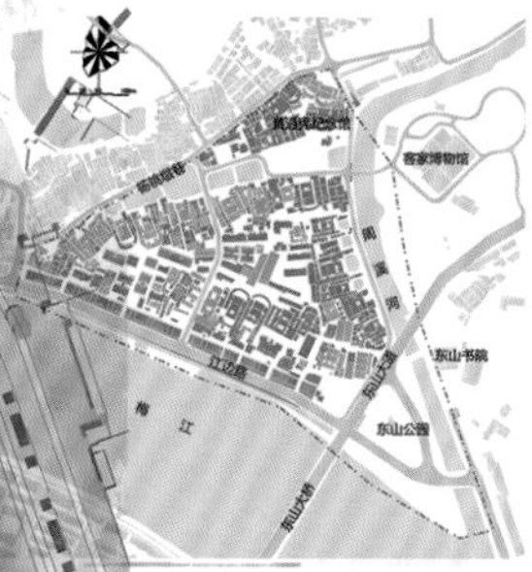

建筑风貌现状分布

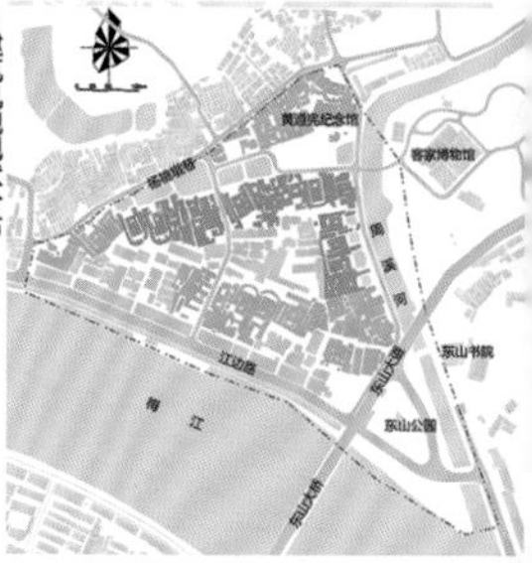

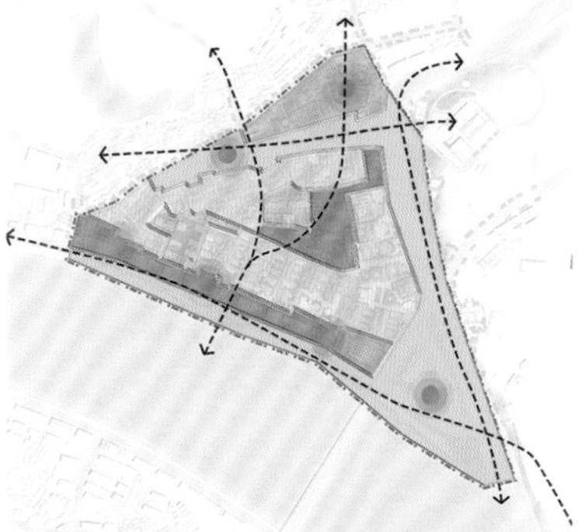

规划功能结构图

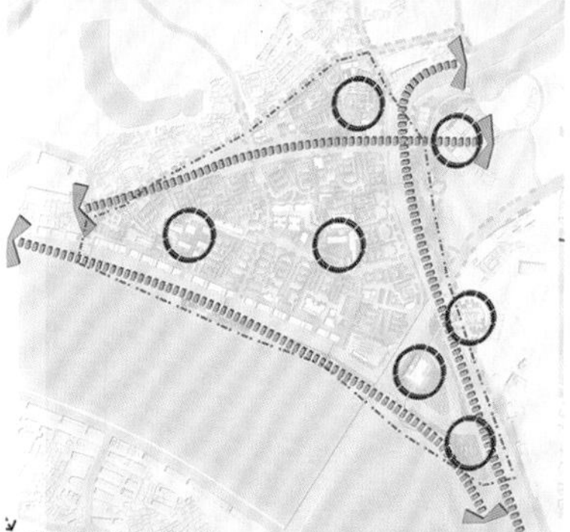

景观结构分析图

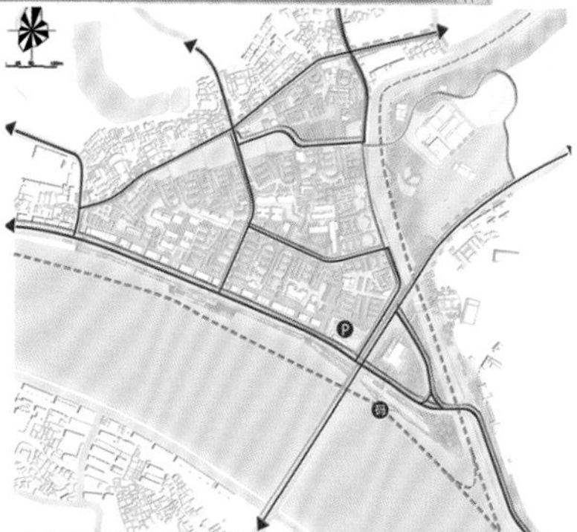

车行及游船游线规划图

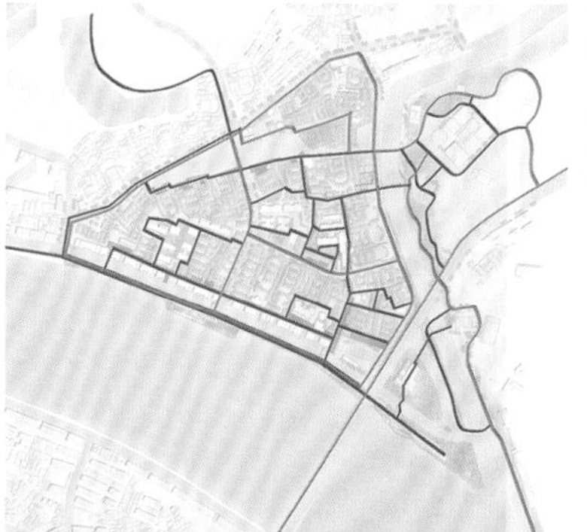

慢行系统规划图

# 攀桂坊重要节点设计

## 攀桂坊重要节点平面图

- 社区图书馆
- 四冶第
- 中将第
- 风水塘
- 餐饮早茶
- 社区活动中心
- 传统工业艺术展览馆
- 围龙屋传统民宿
- 停车范围线
- 地下车库入口

图例：
- 新建建筑
- 保护建筑
- 修缮建筑
- 保留建筑

## ■攀桂坊重要节点功能分析

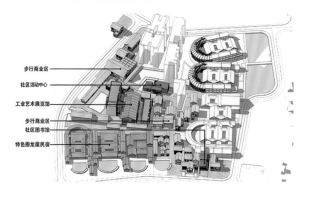

- 步行商业区
- 社区活动中心
- 工业艺术展览馆
- 步行商业区
- 社区图书馆
- 特色围龙屋民宿

## ■攀桂坊重要节点一层流线

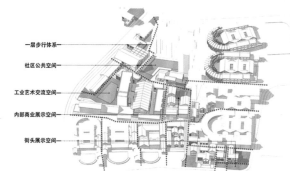

- 一层步行体系
- 社区公共空间
- 工业艺术交流空间
- 内部商业展示空间
- 街头展示空间

## ■攀桂坊重要节点二层流线

- 二层平台步行体系
- 二层商业观景空间
- 二层工业观景空间
- 二层中心商业交流空间
- 二层图书馆交流平台

## 攀桂坊重要节点鸟瞰图

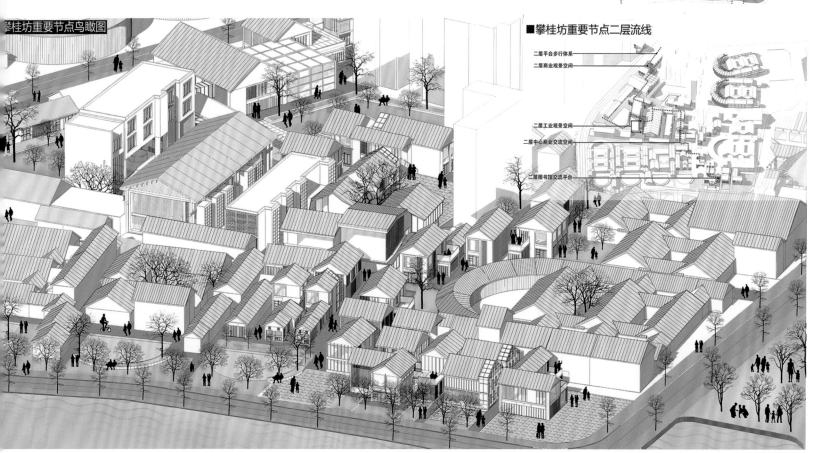

# 滨河生态改造

## ■ 滨水改造策略

| 现状 = | 人工化 + 僵硬 + 孤立 |
| 理想模式 = | 自然式 + 灵活 + 联系 |
| 策略 = | 打破人工岸线 规划自然岸线 寻找时代特色 / 僵硬岸线变 为灵动岸线 / 活力点 紧密联系 |

### 功能型鱼塘驳岸

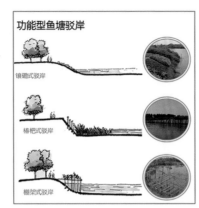

镶砌式驳岸

椿杷式驳岸

棚架式驳岸

### 功能型鱼塘驳岸

为加强基地水陆交接边缘的强度，鱼塘在水陆交接处理方面一般采取镶砌、椿杷、水上棚架三种方式

### 景观型风水塘驳岸

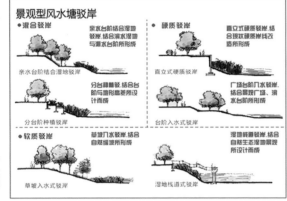

● 混合驳岸
亲水台阶结合湿地驳岸，结合滨水湿地与滩水台阶所形成

亲水台阶结合湿地驳岸
分台种植驳岸 结合阶与地形高差所形成
分台阶种植驳岸

● 软质驳岸
草坡入水式驳岸，结合自然缓坡所形成
草坡入水式驳岸
湿地栈道式驳岸

● 硬质驳岸
直立式硬质驳岸，结合滨水岸线改造所形成
直立式硬质驳岸
广场台阶入水驳岸，结合景观广场、滨水台阶所形成
台阶入水式驳岸

湿地转廊驳岸 结合自然生态湿地景观所设计而成

### 景观型风水塘驳岸

为加强鱼塘的观赏性，将有景观价值的鱼塘，依据现状的情况改造成混合驳岸，硬质驳岸，软质驳岸三种。

## ■ 生态空间策略

### 1.入口空间

榕树空间承载着梅州人的记忆，以古劳传统的大榕树作为标志。为居民和游客提供休憩、交流空间。

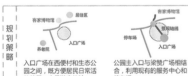

规划策略：入口广场在西便村和生态公园之间，既为居民日常活动使用，也是游客体验。

### 2.客家风情街

特色的客家风情街传统又充满吸引力，特色的风情街与临水的空间结合，激发游客的购物欲。

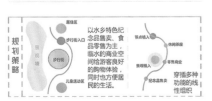

规划策略：以水乡特色纪念品售卖、食品零售为主，临水的商业空间给游客良好的购物体验，同时也方便居民的生活。穿插多种功能的线性组织

### 3.盎然童趣

儿童活动空间，满足儿童行走、游戏、学习、休息等。临近广场区可由居民和游客共享。

规划策略：现状本地儿童游玩地方少，公园儿童活动场地的设置减少了儿童在室外游玩的危险。公园本入口与梁赞广场结合，利用现有的服务中心和停车场。

户外开放娱乐空间 → 有机围合的游戏空间

### 4.亲水栈道

在景观风水塘上加建亲水栈道，使人能更近距离亲近水，清水栈道连接各个风水塘，水上凉亭体验不一样的水上景观

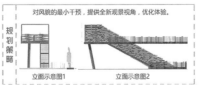

规划策略：对风貌的最小干预，提供全新观景视角，优化体验。

立面示意图1　立面示意图2

---

### 5.四季花海

在脚踏船体验时，岸边布置花海，增加游船的趣味性。在游览的同时领略古劳四季景观。

规划策略：四季花海
游船路线中花海的布置丰富了视觉景观。
花海观赏　花海采摘　摄影　婚纱拍摄

### 6.景观风水塘

还原传统景观风水塘，为游客提供垂钓体验，为居民带来经济收益，同时追求对自然生态发展的可持续干预。

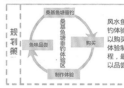

规划策略：风水鱼塘垂钓体验后可以购，再体验制作过程，最后可以品尝美味。
利用老码头作为次入口。

## ■ 生态改造措施

景观塘规划位置

周溪河

| 构筑物或设备名称 | 主要环境功能 | 主要技术参数 |
| --- | --- | --- |
| ① 污水收集管 | 将场地片区排污集水引至收集池 | ND200无缝管，跨河段悬挂布置 |
| ② 污水收集池 | 集纳污水 | 结合周边景观设计，达到自然风水塘效果 |
| ③ 进水口拦污沉沙设施 | 实施双层拦污沉沙设施和生物强化沉淀 | 外侧设粗拦污网和柔性围隔，之间设细拦网，内侧设漂浮植物 |
| ④ 风力曝气接触氧化塘 | 除去有机污染物，氨氮的硝化，除去磷 | 底部设曝气系统，表层养浮萍植物 |
| ⑤ 风力供气设施 | 为曝气接触氧化塘提供压缩空气 | 风力供气设备5--6台，供气量53m³/min |
| ⑥ 生物氧化塘（多种植物，浮岛） | 植物泌养并提供微生物附着表面，氧化+吸收，补充BOD | 多种水生植物，生态浮岛，布设喷水曝气机器；下层设JDRZ填料，表层养殖绿漂浮植物 |
| ⑦ 复合厌氧塘 | 厌氧生物膜，反硝化作用+有机污染物厌氧降解 | 外侧为木篱，内垫柔性垫层（耐水布，聚乙烯网），泥土充分夯实 |
| ⑧ 分流出水塘 | 均匀溢流出水，保持连续水位稳定，流畅均匀 | |
| ⑨ 防侵蚀保护带 | 保护连塘外侧塘埂免受水流侵蚀 | |

## ■ 滨河断面

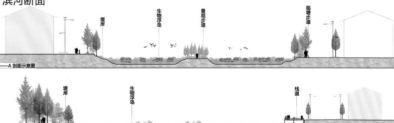

A—A 剖面示意图

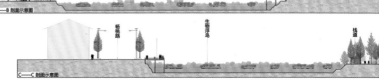

B—B 剖面示意图

C—C 剖面示意图

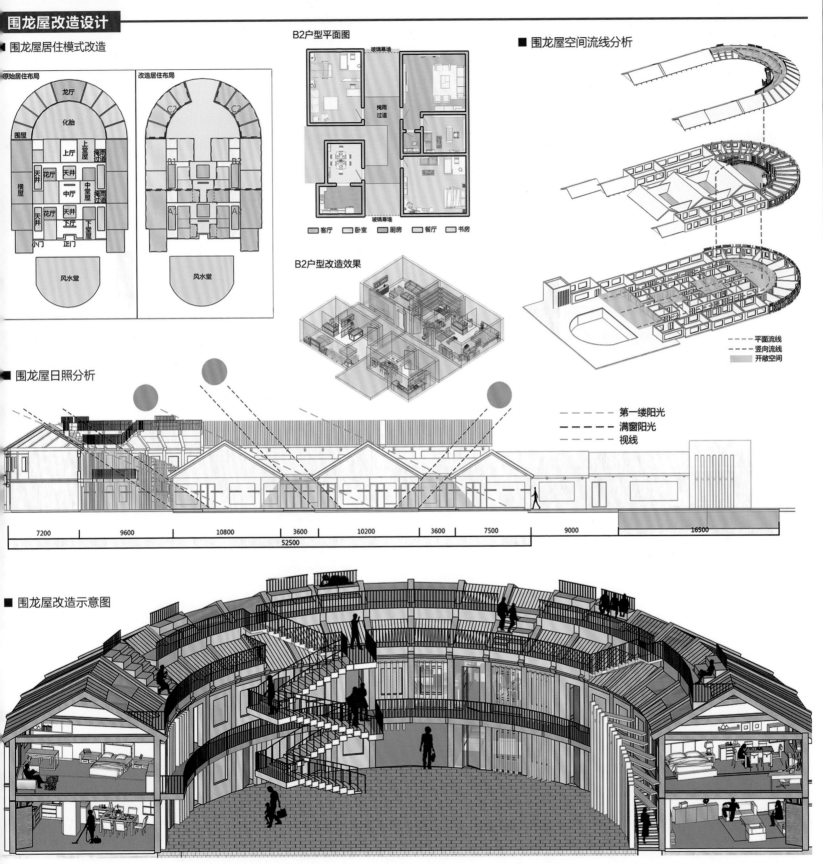

# 围龙屋改造设计

## 围龙屋居住模式改造

**原始居住布局**

龙厅
化胎
围屋
上厅 上堂屋
天井 花厅 天井 掩雨过道
横屋 中厅 中堂屋 掩雨过道
天井 花厅 天井
下厅 下堂屋
横屋
侧门 正门
风水堂

**改造居住布局**

C2 C2
B1 B2
A1 A1
风水堂

## B2户型平面图

玻璃幕墙
掩雨过道
玻璃幕墙

☐客厅 ☐卧室 ☐厨房 ☐餐厅 ☐书房

## B2户型改造效果

## ■ 围龙屋空间流线分析

- - - 平面流线
-- 竖向流线
▨ 开敞空间

## ■ 围龙屋日照分析

---- 第一缕阳光
-- 满窗阳光
---- 视线

7200 9600 10800 3600 10200 3600 7500 9000 16500

52500

## ■ 围龙屋改造示意图

南昌大学
Nanchang University

**章　露**

之前认为毕设是给自己五年的本科学习画上一个句号，但经过这次联合毕设后，看法变了，我质疑自己之前的学习，也怀疑过自己的能力，反而更觉得倒是给自己的学习提出了一个问号！之前总觉得自己学得很好，总觉得自己比别人强！结果这次毕设给了我当头一棒！也好，让我更清楚地认识了自己的缺点，不会深陷之前的错误无法自拔！再次感谢联合毕设平台，让我有机会与多院校多专业的小伙伴在一起交流学习。也非常感谢组员的努力与帮助！聚，也不是开始！散，也不是结束！请再谱一支青春曲，伴随你我在明天的征途中砥砺前行！

**林晋宇**

非常感谢非常六加一这个平台，这是一次愉快而难忘的经历。在这次比赛中，我学到了很多专业知识，也明白了很多为人处世的道理，学会了和队友相处，还交到了很多朋友，听了很多大牛的讲座，总之收获满满。非常感谢组员的努力和帮助，也很感谢其他高校老师和同学的关心照顾。感谢周志仪老师，感谢组长，感谢一切相遇的人们，你们都是最可爱的天使！

**陆　地**

经过这一次联合毕设，身为建筑学学生的我，从我的组员们那里学到了很多规划的相关知识，包括前期分析，理念推敲，思路演变等各种前期工作，这是在我之前的学习中比较薄弱的地方。不过最让我欣喜的是，在这一次合作过程中，我们有辛酸，有难过，有欢笑，有自豪，感谢我们组所有的组员和始终支持我们的周老师，这些共同组成了我人生经历中不可磨灭的记忆。

**施露露**

参加这次联合毕业设计，感觉是对自己五年专业学习的一个很好的交代。在这次毕业设计中，我有三个收获：第一是对此类课题有了粗浅的认识，未来还需要更加深入研究，这个课题也弥补了本科学习期间没能接触历史保护与更新的项目的遗憾；第二在这次团队合作中，尝试了与建筑学的同学合作，了解到各个学科不同的思考方式和习惯，这让我在思维上有了更深的拓展；第三是在与各校同学的交流过程中，也学习到了不同学校不同专业之间的差异和不足，同时给我深刻的启发。

**张　银**

在这次小组合作过程中，每一个组员的欢笑与泪水，都深深地镌刻在我的心里，每一张可爱的脸，我也将牢牢铭记。周老师对我们的鼓励和鞭策，让我们每一个人都深深地感动，看到老师就像看到了自己的亲人。在此期间我们认识了许多来自各个学校的可爱的同学们，同时也要感谢每一个对我们提出诚挚建议的老师，这都是我这次意外的惊喜。

**余　茜**

原本以为毕业设计是一个完美的句号，却发现自己的设计之路才刚刚开始。五年见了很多次建工楼黎明的曙光，教室里通宵灯火，只靠在桌上就能在电脑前睡着的我们。即使过了五年很多问题也没有得到解答，而遇见的未知却越来越多。希望在这条不确定的道路上，我对规划的热情不灭。

# 溯 客 源 · 酿 家 声

## ——广东省梅州市历史城区保护与更新规划

指导老师：周志仪
作者：章露 林晋宇 陆地 施露露 张银 余茜
学校：南昌大学

## 客家情解读

梅州这一座城，给了风尘仆仆而来的客人一个家，客家人在这里繁衍生息，从此梅州也承载了客家人的乡愁。

在我们眼中，梅州不仅仅是一个城市，他承载了一个民族的延续，人们之间的羁绊从血缘深处开始，绵绵不绝。为了更好地理解梅州这一座城，了解他与客家深厚的渊源，了解在丰厚的历史背后这座城市因何而兴起，经历过怎样的变迁，而新时代又将赋予梅州怎样的使命，我们开启了"溯客源"篇章，并提出"酿家声"的策略和目标。

客，本是经年漂泊的游子 家，应是心上寄托的明月 情，总是望穿秋水的思念。

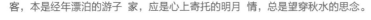

重塑客家人精神家园 传承城市的历史记忆 "客"均可宾至如归 自觉生出主人翁情感

梅州客家人生存家园需要设计的城市空间满足各种人群的需求

文化纽带 设计反馈 · 设计的出发点 · 客·家·情 · 设计的着重点

从客的甲骨文谈起 一穹隆似的屋顶下，左是背着行囊的旅人，右是拱手相迎的主人，客的本意"外来者"

中原汉族因战乱南迁，辗转奔波来到梅州时候，被周边民系视为"客人"

"客人"在长期融合发展过程中，逐渐从"客人"转变成"梅州客家人"

现今梅州本地以客家人为主，客家文化即代表梅州文化，为了探讨梅州未来发展，我们决定从"客"出发

## 技术框架

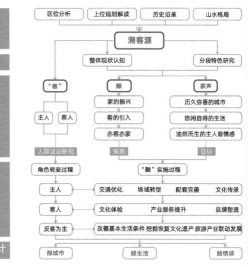

背景研究 BACKGROUND STUDY

基本分析 BASIC ANALYSIS

目标与策略 GOAL AND STRATEGY

总体城市概念规划 CONCEPT PLANNING OF GLOBAL URBAN

详细地块设计 DETAILED PLOT DESIGN

## 溯客源

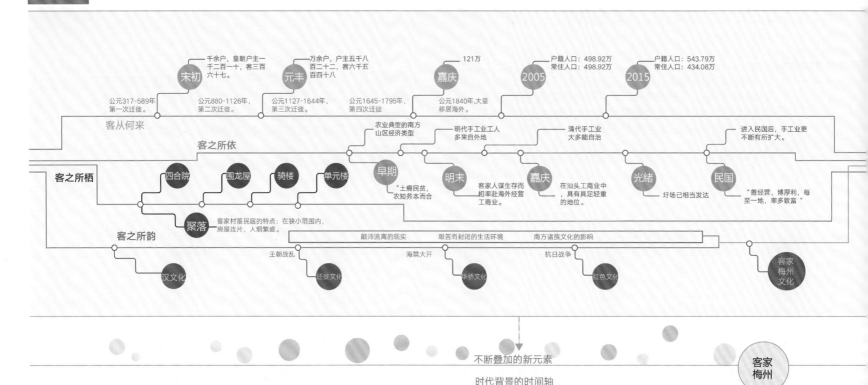

不断叠加的新元素

时代背景的时间轴

## 文化内核提取——宗族凝聚力

宗族是以血缘为纽带组成的血亲集团，宗族观念则是在血亲成员中达成共识并制约每个族人行为的观念，对社会文化的形成有着不容忽视的影响。
以民风民俗、宗族观念为代表的制度造就的行为模式是地域文化的核心。

红色文化：宗族－家乡－国家
侨乡文化：中－西
客家文化：中原文化－南越文化
围屋文化：集体－个人
名人文化：宗族－个人

宗族内部的血缘关系和凝聚力

## 反客为主的过程

客家人 → 人口的壮大 / 建筑形式的变化 / …… …… …… → 由封闭到开放

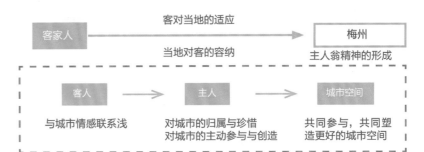

客家人 —— 客对当地的适应 / 当地对客的容纳 → 梅州
主人翁精神的形成

客人 → 主人 → 城市空间
与城市情感联系浅　对城市的归属与珍惜　共同参与，共同塑
　　　　　　　　　对城市的主动参与与创造　造更好的城市空间

## 历程比拟——元素叠加

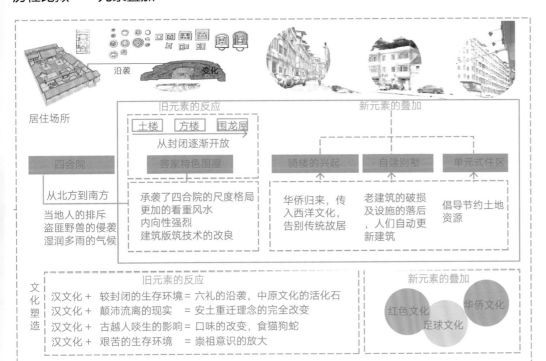

居住场所　沿袭　变化
旧元素的反应　　新元素的叠加
土楼　方楼　围龙屋
从封闭逐渐开放

四合院　→　客家特色围屋　　骑楼的兴起　自建别墅　单元式住区

从北方到南方
当地人的排斥
盗匪野兽的侵袭
湿润多雨的气候

承袭了四合院的尺度格局
更加的看重风水
内向性强烈
建筑版筑技术的改良

华侨归来，传
入西洋文化，
告别传统故居

老建筑的破损
及设施的落后
，人们自动更
新建筑

倡导节约土地
资源

文化塑造
旧元素的反应
汉文化 + 较封闭的生存环境 = 六礼的沿袭，中原文化的活化石
汉文化 + 颠沛流离的现实 ＝ 安土重迁理念的完全改变
汉文化 + 古越人啖生的影响 = 口味的改变，食猫狗蛇
汉文化 + 艰苦的生存环境 ＝ 崇祖意识的放大

新元素的叠加
红色文化　华侨文化
足球文化

## 特征总结

宗族凝聚力的内核提取

从客家文化当中传承下来的客家堂联蕴含着家族凝聚力与振兴家族的使命感，代表着创建更好家族的美好愿望。

逐渐壮大的过程

从最初的客家大迁徙开始客家人迁居梅州，客家人逐渐成为梅州的主人，客家人对梅州城的塑造，梅州城对客家人的逐渐接纳使梅州城逐渐发展壮大，客家人一步步从封闭走向开放。

新元素不断注入

从最初的客家大迁徙开始，客家人对梅州城的塑造，梅州城对客家人的逐渐接纳，使梅州城不断注入新元素，客家人一步步从封闭走向开放

## 规划启示

客家人存留的强烈家族意识，家族中人与人之间的深厚情感，使得客家人最初能在梅州得以生存，实现自己的"家声"。
在现在梅州的这一个大家当中又该如何塑造这样的情感实现梅州这一个大家的发展？实现"家声"的愿望升级？

宗族之家如何转变？

客家人如今已经成为了梅州的主人，这一种主人翁意识的逐渐形成使他们对梅州产生了深厚的联系与情感，如何利用主人翁精神，培养城市中人的主人翁意识？

主客关系如何转换？

在本次规划中，在新的时代背景下，梅州究竟承载着怎样的使命？此次规划我们又将给梅州怎样的新元素注入？

新时代如何添加新元素？

# 老城整体认知

## 特征点

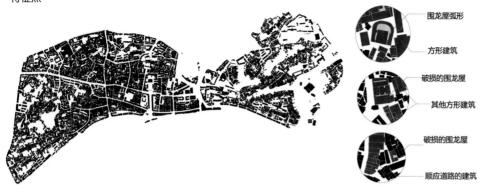

围龙屋弧形

方形建筑

破损的围龙屋

其他方形建筑

破损的围龙屋

顺应道路的建筑

### 1. 由围屋特殊的平面形式形成的独特肌理

由于围龙屋特殊的平面形式与方形建筑，与方型路网的切割产生了许多破碎空间。

梅州客家传统村落的街巷格局特征较为特殊，绝大部分村落呈现"无街巷"形式。传统时期村落建筑和村落公共空间靠麻石路和一些步行小径串联组合在一起，道路顺应地形，跟随建筑的位置蜿蜒曲折。

梅州典型的无街巷式的客家传统村落的空间肌理，呈现"外向型"的空间形态特征：多数建筑向外敞开，直接面向道路、农田、水塘。

### 2. 历史遗留的文化资源众多

· 历史资源点分布图

历史保护区范围

## 问题点

### 1. 人口分布不均，老龄化严重

· 人口密度分析图

### 2. 破碎空间多，可达性差

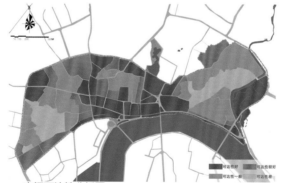

· 空间可达性分析图

· 交通拥挤状况分析图

### 3. 文化资源消隐

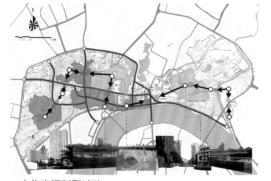

· 文化空间割裂破碎

### 4. 交通混乱

· 道路等级图

### 5. 内部设施缺乏

· 设计范围内业态分布图

# 分段特色研究

## 分段特色研究——片区一

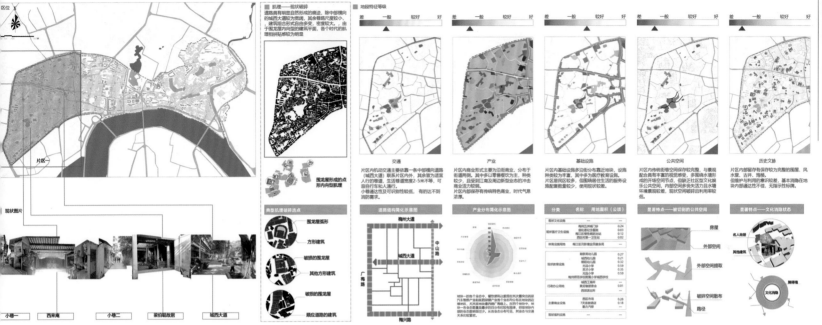

## 分段特色研究——片区二

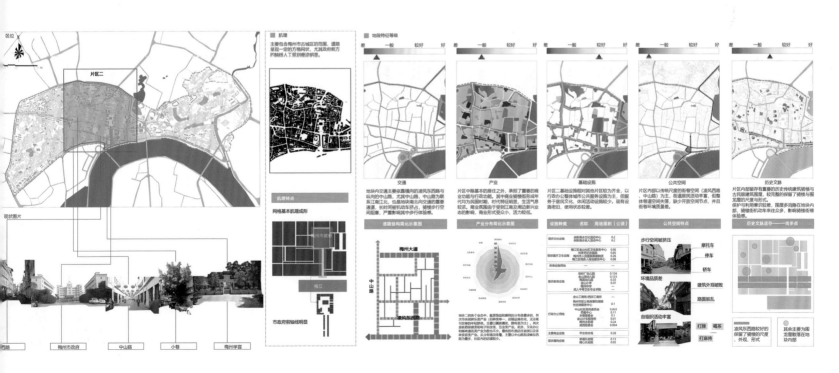

# 分段特色研究——片区三

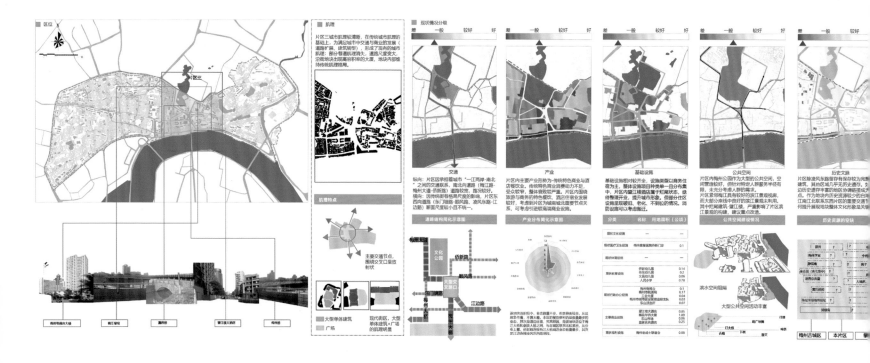

# 分段特色研究——片区四

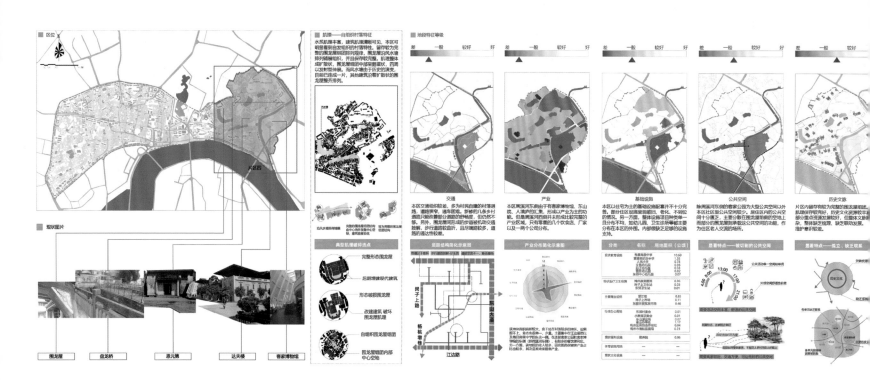

# 概念引入——家声的提取

客家人迁徙定居在岭南大地繁衍生息。客家后裔为纪念远祖的美德，褒扬远祖的业绩和铭记迁徙的历史，逢年过节，都会在自己的祖居门口张贴堂号和堂联，这些堂号和堂联都是世代相传的，不同姓氏有不同的内容，格式是：大门上方横额为"XX堂"，典型形式是大门上边的上联"地名＋世泽"；下联为"地名＋家声"
如：李氏：陇西堂，龙门世泽，柱史家声；侯氏：乡贤世泽，上谷家声；陈氏：颖川堂，颖川世泽，太傅家声。

"世泽"是指先祖的遗泽。据《十三经注疏》云："泽者，滋润之泽，大德大凶流及后世。"

"家声"是指祖先的大仁大德的美誉。客家人的远祖，原在中原时，大多都是名门望族，堂号和堂联就是纪念祖先世家大族的历史美德，这些"世泽""家声"包含了本氏族的迁徙史、发迹史和许许多多的殊荣佳话。

 客家先民离开中原故土辗转南来

 面对艰苦、封闭而落后的生存环境

 建设家园的艰辛与对故土的思念

 崇族意识的放大 宗族凝聚力的增强 振兴家族的热切愿望

 振兴家族的愿望 ——家声

## ■ 家声——堂联提取

宝善家声 | 平阳世泽 | 商相家声 | 平阳世泽 | 理学家声 | 铭盘世泽 | 宝树家声 | 东山世泽 | 旋马家声 | 犹龙世泽 | 唐相家声 | 清河世泽 | 旋马家声 | 犹龙世泽 | 太史家声 | 颖川世泽 | 上谷家声 | 乡贤世泽 | 百忍家声 | 青钱世泽 | 十德家声 | 九龙世泽 | 渤海家声 | 延陵世泽

---

| 溯客源特征总结 | 规划启示 | ＋现状认知 → | 策略与目标 |
|---|---|---|---|

**溯客源特征总结**

宗族凝聚力的内核提取——家声

从客家文化当中传承下来的客家堂联缊含着家族凝聚力与振兴家族的使命感，代表着创建更好家族的美好愿望。

逐渐壮大的过程

从最初的客家大迁徙开始客家人迁居梅州，客家人逐渐成为了梅州的主人，客家人对梅州城的塑造，梅州城对客家人的逐渐接纳使梅州城逐渐发展壮大，客家人一步步从封闭走向开放。

新元素不断注入

从最初的客家大迁徙开始，客家人对梅州城的塑造，梅州城对客家人的逐渐接纳，使梅州城不断注入新元素，客家人一步步从封闭走向开放

**规划启示**

客家人存留的强烈家族意识，家族中人与人之间的深厚情感，使得客家人最初能在梅州得以生存，实现自己的"家声"。在现在梅州的这一个大家当中又该如何塑造这样的情感实现梅州这一个大家的发展？实现"家声"的愿望升级？

宗族之家如何转变？

客家人如今已经成为了梅州的主人，这一种主人翁意识的逐渐形成使他们对梅州产生了深厚的联系与情感，如何利用主人翁精神，培养城市中人的主人翁意识？

主客关系如何转换？

在本次规划中，在新的时代背景下，梅州究竟承载着怎样的使命？此次规划我们又将给梅州怎样的新元素注入？

新时代如何添加新元素？

**策略与目标**

策略：

目标：

酿 家声

本次规划的愿望升级

油然而生的主人翁情感

悠闲自得的生活

历久弥香的城市

塑造的目标提出：酿什么？

本义：从客家堂联中提取，原意表达振兴家族的美好愿望

97

## 选料——制曲——发酵——蒸馏——陈酿

将酿酒的过程与城市规划过程进行对比，并将酿酒的步骤作为城市规划不同阶段目标的升华。

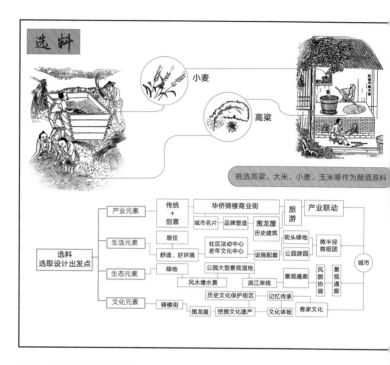

类比规划设计：选取城市发展必要的、城市空间层面治理、营建对象作为设计出发点

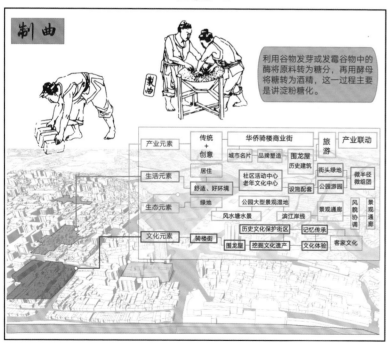

类比规划设计：将城市空间层面的元素点与本地域或外界带来的有利条件(酶)相结合，引导其在城市空间中进入适宜它变化的路径。

类比规划设计：城市空间元素点开始有一定转变以后，引导其进入适宜它变化的路径，从而发生得到质的转变与反应，使人群与城市产生精神情感的交流。

## 酿——策略演绎

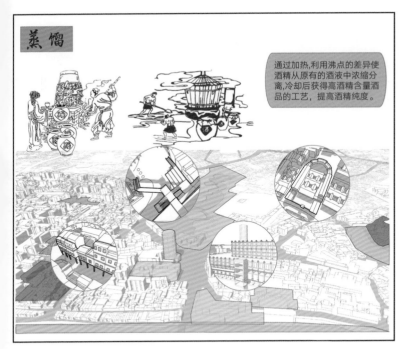

蒸馏

通过加热,利用沸点的差异使酒精从原有的酒液中浓缩分离,冷却后获得高酒精含量酒品的工艺,提高酒精纯度。

类比规划设计:城市有利元素点进一步沉淀、积累,人群与城市形成初步的情感联系,人群归属感得到深化。

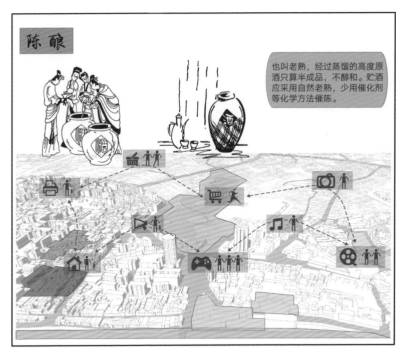

陈酿

也叫老熟,经过蒸馏的高度原酒只算半成品,不醇和。贮酒应采用自然老熟,少用催化剂等化学方法催陈。

类比规划设计:经过外部尤其是内部的协调发展,城市进入缓慢有序的发展过程,该过程使得城市在不段地"醇香"。城市在正确路径引导下,不断向前发展,却又愈老愈醇,人群对该城市愈发依赖,城市、人二者之间关系愈加紧密,物质空间精神情感得到共同的升华,实现家声的目标。

## 实施步骤

### 01 家的振兴

| 交通优化 | 配套完善 |
| --- | --- |
| 场域转型 | 文化传承 |

家的振兴分为交通优化、场域转型、配套完善与文化传承,着重于基本生活条件的改善、梅州客家人集体记忆的唤醒与留存,主要满足当地梅州人的生活需求。

### 02 客的引入

| 文化体验 | 品牌塑造 |
| --- | --- |
| 产业服务提升 | |

客的引入着重利用古城资源,抓住梅州旅游业发展的契机,带来经济增长的活力点,这也是继承并宣扬梅州客家文化重要一步。在引入客源的同时,塑造他们对当地文化的认同感与归属感也是目标之一。

### 03 亦客亦家

| 改善基本生活条件 |
| --- |
| 挖掘恢复文化遗产 |
| 旅游产业联动发展 |

亦客亦家为总结升华篇,代表了我们对城市发展的美好愿景,好比酿酒完成后的窖藏过程,在所有元素叠加之后,历久弥香的动态平衡状态。

## 实施目标

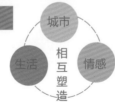

城市 相互塑造 情感 生活

### 历久弥香的城市

从生活载体城市出发,塑造良好的空间感,发掘城市的特色文化,传承历史,迎合现代需求

### 悠闲自得的生活

发挥梅州自身慢城特质,完善当地设施配套,提供便捷舒适的生活体验。

### 油然而生的主人翁情感

对城市中人的归属感塑造,主人翁情感培养,从而激发其对城市的珍惜与爱护,增强城市与人之间的联系。

## 家的振兴
### 文化传承

**·梅州村落建筑组合形式**

梅州客家传统村落内的主要建筑组合形式有四种类型：带型、组团、散点、面状。

最为普遍、分布最广的梅州客家传统村落建筑组合形式是带型形式。

散点形式布局源于梅州特色的聚居建筑，一个围龙屋即是一个家族聚居体，居住、公共活动都在其内进行。

客家族群的"聚居性"使得以姓氏宗族为依托的组团聚居形式成为梅州客家传统村落另一重要布局形式。

另外，面状布局形式的村落主要位于地形较平坦开阔的个别区域。

**·聚落的空间层次**

由于客家人聚居的生活方式以及客家建筑对外封闭对内开放的特点，客家建筑聚落的空间层次有单中心和多中心之分。

单中心：在同一区域内，若只有一个姓氏的族人居住，聚落往往呈现出单中心的现象。从总体布局上看，聚落始终围绕一个单体展开，这与客家传统的宗族观念密不可分。

多中心：如果有不同姓氏的人住在同一区域内，客家建筑聚落会呈现出多中心的分布。一般是按照姓氏宗族的不同，三五成群的置于坡地或山脚。每个群体都自成体系，互不干扰。

**·人文社会形态**

大分散

迁居而来的姓氏家族经过几代繁衍之后，同姓氏在梅州整体呈分散分布形态。

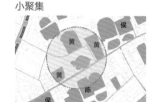

小聚集

由于人口的繁衍扩张，下分房派势力的不断增强，很多房派在相对集中的范围内开枝散叶，局部出现小聚集的特征。

**·街巷形式与空间肌理**

梅州客家传统村落的街巷格局特征较为特殊，绝大部分村落呈现"无街巷"形式。传统时期村落建筑和村落公共空间靠麻石路和一些步行小径串联组合在一起，道路顺应地形，跟随建筑的位置蜿蜒曲折。

外向型

（图源论文：梅州客家传统村落空间形态及类型研究 孙莹）

梅州典型的无街巷式的客家传统村落的空间肌理，呈现"外向型"的空间形态特征：多数建筑向外敞开，直接面向道路、农田、水塘。

内向型

（图源论文：梅州客家传统村落空间形态及类型研究 孙莹）

区别于一般街巷式建筑前后、左右相对，街巷被建筑"包围"的"内向型"空间肌理。

### 梅州村落空间结构分析

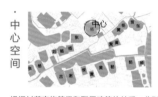

中心空间

根据村落宗族等级和聚居建筑的关系，分别绘制中心等级结构示意图如所示。梅州客家传统村落的中心等级跟村落社会等级结构相关，属精神和社会结构意识层面的等级。

中心等级

用地内张家围　　　　大埔县百侯镇帽山村　　　　兴宁坭陂镇黄垌村

（图源论文：梅州客家传统村落空间形态研究 肖大威）

每一个社会群体都有一个重要的空间节点，即老祖屋，其他房派和族人均由此析出。在他们的宗族文化中，这里是族人心灵和信仰的中心，虽然并不在此居住，但始终是相互认同的根源。

**·空间类型**

| 公共空间类型 | 序号 | 公共空间细分 | 对应村落空间 |
|---|---|---|---|
| 礼俗承载空间 | 1 | 祭祀空间 | 祖屋祠堂 天井 禾坪 祖坟 堂屋 寺庙 祭祀路线等 |
| | 2 | 节庆空间 | 堂屋 天井 禾坪 节庆路线 寺庙等 |
| | 3 | 人生礼仪空间 | 堂屋 天井 禾坪 半月塘等 |
| 生产生活空间 | 4 | 生产空间 | 田地 田间小径 宅前屋后的建筑附属空间等 |
| | 5 | 生活空间 | 禾坪 篱笆 沟 坎 麻石路等 |
| | 6 | 交往空间 | 堂屋 禾坪 古树 古井 古桥 天街 田街 田间小径 麻石路 戏台等 |
| | 7 | 教育空间 | 公塾 私塾等 |
| 建筑意涵空间 | 8 | 精神空间 | 祠堂 堂屋等 |
| | 9 | 风水空间 | 建筑位置 空间序列 朝向 排水等 |
| | 10 | 象征崇拜空间 | 化胎 五行石 建筑装饰 半月塘 堂号 楹联等 |

（图表来源：梅州客家传统村落的空间形态 肖大威）

**·空间层次**

梅州侨乡村空间拓扑结构图
（图源论文：传统村落之空间句法分析 肖大威）

第一层次，村落——血缘、地缘。在迁居而来的各中原氏族中，村落是地域选择之后村落社会内外区分的第一层边界。以血缘关系为聚居要素的单姓村和因地缘与血缘为共同凝聚因素的多姓村，构成了结伴而来的中原移民居住在此的第一层社会空间层次。

第三层次，聚居建筑——房派。大型聚居建筑内往往生活着同一房派、亚房的几个家庭，几个同胞兄弟跟他们的子女一同生活在同一个大家庭之中。一个聚居建筑就是一个独立的小型社会。

聚居建筑内部　　　　　　　自我
建筑一房派　　　　　　　　本族人
组团一宗族　　　　　　　　本寨人
村落一血缘/地缘　　　　　本村人
　　　　　　　　　　　　　本沟人

客家传统村落空间层次示意图　　　　客家传统村落族群认同体系

第二层次，组团——姓氏宗族。聚居点稳定之后，各姓氏定居繁衍生息，形成各个氏族的宗族社会，族人相互养育协助，在内部情感凝聚的作用之下，形成由同宗族或同房派多个家庭单元所组成的组团空间，构成第二层社会空间层次。

第四层次，聚居建筑内部。大家庭的住房分派，遵循"长幼有序，男女有别"的大原则。辈分最高的一般住在上堂的厢房。年轻的男人多数卧房在中下堂内，且多兼书房，至于妻室则在横屋里；后面围屋多用于杂房或牲口房。新扩建的横屋间、围屋间的房间按兄弟数抓阄平分（公共空间不平分）。

## 文化传承——目标

（1）延续梅州客家传统村落的空间结构
（2）重现梅州客家传统村落的仪式礼俗
（3）存旧、续新村落日常场景空间

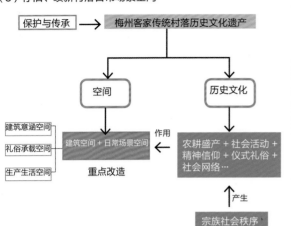

### ·姓氏地图

梅州村落形态呈现大分散小聚集的状态。迁居而来的姓氏家族经过几代繁衍之后，同一姓氏在梅州整体呈分散分布形态。很多房派在相对集中的范围内开枝散叶，局部出现小聚集的特征。这种特征可以在片区一中看出，黄姓承分散分布的状态，但局部存在小规模的聚集。

#### ·"小家"现状

在梅州社会结构的投射下，存在一种重要的空间节点：祖屋，其他房派和族人均由此析出。在他们的宗族文化中，这里是族人心灵和信仰的中心，是相互认同的根源。天然可以承担公共活动功能，经过改造成为社区公共活动中心。

通过改造可以强化村落原有的社会网络与空间结构，达到文化传承的目的。

#### ·多姓投射

历史上形成的由村落－姓氏－聚居建筑－房派－建筑内部的村落结构仍然属于同姓氏下"小家"的结构。属于单姓的老祖屋，在经过改造之后可以成为辐射周边的社区公共活动中心。达到由单姓－单姓到单姓－多性辐射的结构转化。

---

### ·历史建筑使用现状图

片区一的历史建筑使用现状主要分祭祀，居住，娱乐几种，居住占大多数，部分建筑仍保留祭祀功能，部分建筑闲置，亟待合理利用。
闲置的建筑可以进行功能置换，祭祀建筑可以对已经无人居住的部分进行改造。

#### ·"文化投射点"

在梅州，围龙屋为代表的祭祀－居住合一的建筑是客家宗族文化的投射点。中西合璧建筑是客家侨乡文化的投射点。历史名人建筑是客家崇文重教文化的投射点。结合使用现状，可利用的建筑能作改造的同时集中体现文化且可以利用建筑这种物质形式的存留和再造可以帮助非物质的文化长久存续。

#### ·文化路线

梅州客家传统建筑在形制、空间、构筑元素等方面的象征意涵是客家文化的外在影显。每一栋传统民居背后都有一段耐人寻味的故事。将使用现状良好的建筑与集中体现文化且可以利用的建筑做文集，可以得出设计需要重点利用改造的核心建筑。设计文化路线将它们联系在一起，为第二步客的引入做准备。

---

### ·礼俗承载与建筑意涵空间分类

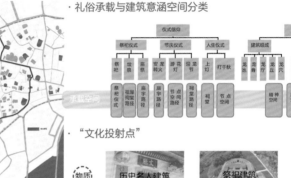

### ·"文化投射点"

 历史名人建筑

 祭祀建筑

 中西合璧建筑骑楼

 名人文化崇文重教

宗族文化宗族凝聚力

 侨乡文化客家适应性

---

### ·生产生活空间分布图

片区一内主要的生产生活空间主要可分为生产场景，生活场景，历史要素与环境要素。
当地居民许多公共活动都发生在生产生活空间中，需要进行重点的设计与改造。通过空间的重塑，可以唤起村民对传统村落社会文化秩序的记忆。

#### ·围绕聚居建筑的生活网络

受中原"耕读传家"思想的影响，农耕和读书是梅州客家传统村落日常生活最重要的行为。空间受行为的支配，因而这两类空间形式中，尤其是农耕空间，是传统村落内最频繁的日常空间。以家族居为主的聚居生活，使梅州客家传统村落内的外部公共空间利用较少、使用度较低；主要的日常生活、交往空间是围绕着聚居建筑而展开的，所以每一个聚居建筑加上其房前屋后的空间，组成了一个小型社会。

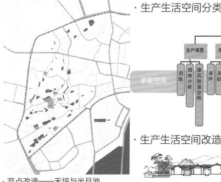

#### ·节点改造——禾坪与半月池

半月池和禾坪空间是介于自然环境与建筑之间的空间层次，两者组成的空间位于建筑之外，不属于自然空间。但是它们明确的人工痕迹又区别于自然空间，同时其半圆形的池塘平面又对建筑有环抱感。因此，半月池与禾坪组成的空间成为建筑空间的延续和发展，同时还把建筑内部的空间秩序转化到建筑外部空间中去，由此的演变中，禾坪逐渐成为客家人举行民俗活动、共享宗族信息的场所，是一种相当于现代广场的原始交往空间。

### ·生产生活空间分类

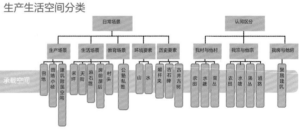

### ·生产生活空间改造

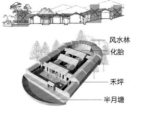

风水林
化胎
禾坪
半月塘

— 梳理路径
— 缝补肌理
— 恢复禾坪

## 家的振兴

### 场域转型

| 围龙后形成的空间 | 方形建筑空隙形成的空间 | 不同朝向的围龙屋围龙之间形成的空间 | 风水堂边的异型空间 | 禾坪的方形空间 |
|---|---|---|---|---|

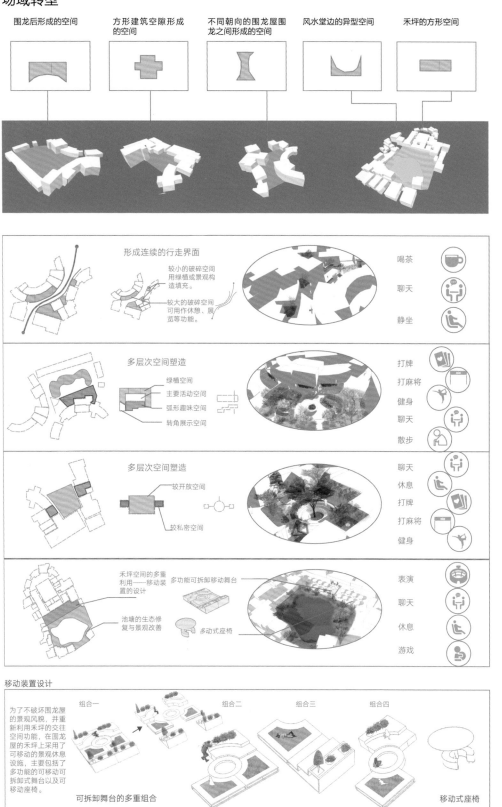

形成连续的行走界面

较小的破碎空间用绿植或景观构造填充。

较大的破碎空间可用作休憩、展览等功能。

喝茶
聊天
静坐

多层次空间塑造

绿植空间
主要活动空间
弧形趣味空间
转角展示空间

打牌
打麻将
健身
聊天
散步

多层次空间塑造

较开放空间
较私密空间

聊天
休息
打牌
打麻将
健身

禾坪空间的多重利用——移动装置的设计

多功能可拆卸移动舞台

池塘的生态修复与景观改善

多动式座椅

表演
聊天
休息
游戏

### 移动装置设计

为了不破坏围龙屋的景观风貌，并重新利用禾坪的交往空间功能，在围龙屋的禾坪上采用了可移动的景观休息设施，主要包括了多功能的可移动可拆卸舞台以及可移动式座椅。

组合一　组合二　组合三　组合四

可拆卸舞台的多重组合　　移动式座椅

### 交通优化

# 配套完善

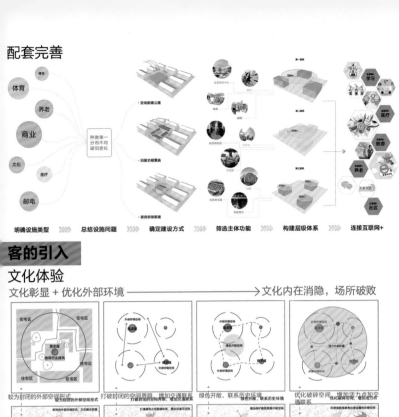

## 客的引入

### 文化体验

文化彰显 + 优化外部环境 ———→ 文化内在消隐，场所破败

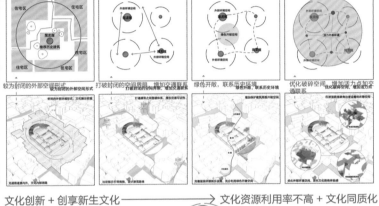

文化创新 + 创享新生文化 ———→ 文化资源利用率不高 + 文化同质化

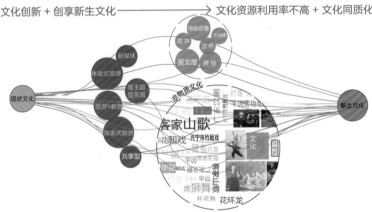

文化外溢 + 提升展示平台 ———→ 文化活力不高 + 文化创造力待提升

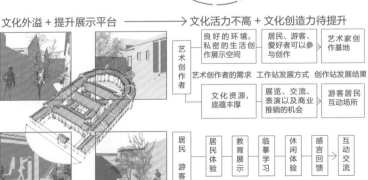

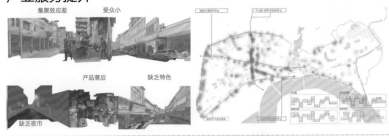

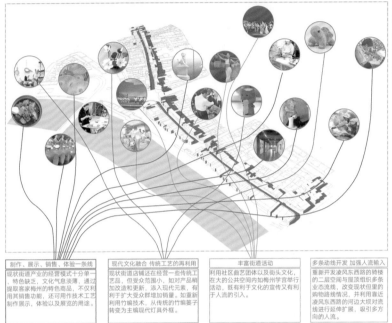

## 品牌塑造

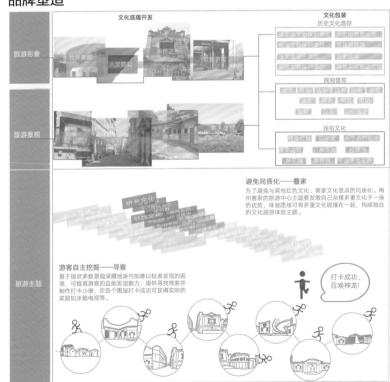

# 亦客亦家

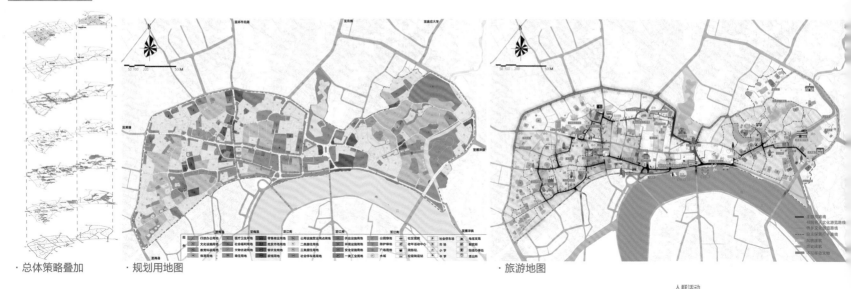

· 总体策略叠加　　　· 规划用地图　　　　　　　　　　　· 旅游地图

· 人群活动指向

· 游客活动规划

（月份）　12　1　2　3　4　5　6　7　8　9　10　11　12

① 主路线　客家节日民俗体验　客家文化展览　传统技艺体验　滨水光影秀

② 书院名人　古代考试场景重现　名人字画展示　私塾教学体验　名人故居游览

③ 侨乡文化　骑楼风情街　客家美食节　华侨事迹展示廊　滨水光影秀

④ 围屋文化　客家娘酒展览　染织制衣体验　雕刻技艺体验　围龙屋居民区

　——冬季——　——春季——　——夏季——　——秋季——

· 人群活动引导

| 人群 | 活动类型 | 存在问题 | 未来指向 |
|---|---|---|---|
| 老城居民 | | 场所单一 运动缺乏 环境品质差 空间缺乏归属感 | 结合古树、古井，利用破碎空间设计增加服务于老年人的街头绿地，老年人是历史的见证者，也是历史的讲述者。注入活力吸引年轻人，让老城更具特色蓬勃发展。 |
| 老年人、小孩 | 晨练\玩耍 | | |
| 中青年人 | 运动\逛街 | | |
| 游 客 | | 场所单一 场所隐蔽 环境品质差 缺少体验项目 缺少设施配套 文化特色不明显 | 自探索打卡路线，围屋文化展示路线，书院名人文化展示路线等旅游活动和纪念品的策划，突出了城市特色文化，使游客能更好的了解当地和客家的文化，与城市融为一体。 |
| 普通游客 | 游览\体验 | | |
| 外迁客家人 | 寻祖\游玩 | | |
| 梅州市民 | | 场所单一 业态低质 活力较差 受众小 | 城市文化的影响力与知名度的提升，将"世界客都"名片彰显，营造城市主人翁情感，让其市民感受到这里是属于他们自己的文化、家园！ |
| 工作目的 | 休憩\工作 | | |
| 游玩目的 | 游览\逛街 | | |

· 人群活动

——老城居民活动指向：针对老城居民活动主要提升文化场所和其他老建筑的参与感、归属感。片区内商业、公共空间也要兼顾居民日常生活。
——游客活动指向：使游客能更好的了解当地和客家的文化，可以进行一些旅游活动和纪念品的策划，突出特色文化，自探索打卡路线，围屋文化展示路线，书院名人文化展示路线。
——普通游客活动指向：定位"世界客都"注重城市文化和基础设施和公共空间的整体提升，突出文化特色，让其市民感受到这是属于他们的文化、家园。

# 详细地块设计

· 地块定位

片区定位：中山路、凌风东西路历史文化街区位于地块中心部分，其中建筑多为中西混合式的骑楼式商业建筑及客家传统围龙屋建筑，是营造城市居民文化归属感及发展文化旅游的重要载体。

设计为使至今仍然保持着"前门商店后堂作坊、楼上寝室"的骑楼街在提供传统特色商业功能的同时，与新活力元素相结合，与时代俱进发展。对围龙屋空间的修缮与改造，并置入新功能以展示特色文化。

· 现状核心问题——中山路地段

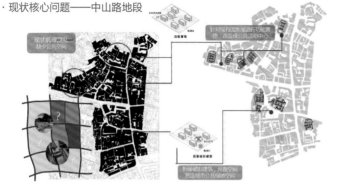

核心问题一：围龙屋破败，标识系统弱

建筑部分缺失
围屋难以识别
宣传推广落后

核心问题二：交通混乱，较多破碎空间

空间凌乱
人车混行
停车位少

· 现状核心问题——凌风东西路地段

核心问题三：居住条件差，公共设施缺乏

设施缺乏
公共空间少
居住条件差

核心问题一：梅州学宫西侧荒地闲置多年

核心问题二：骑楼建筑冷清，人员流失

核心问题三：整体空间割裂

## 厂房改造

**具体策略：**
1.植入盒子
用模块化的处理方法，外部采用玻璃幕墙，能反射外部老建筑使新老和谐，原有结构与新置入的盒子明确的区分开，强调新旧对照

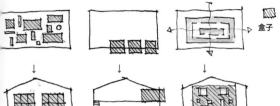

盒子

**具体策略：**
2.巨大的开放"凉亭"
将厂房的框架结构作为一种景观，产生多重内外的灰空间

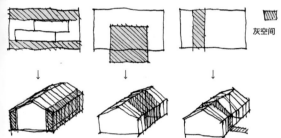

灰空间

### 中山路厂房改造意向图

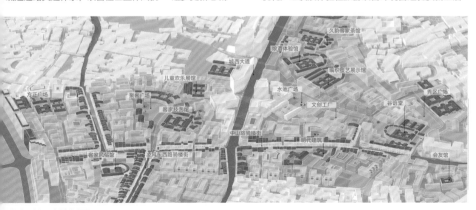

中山路平面图

会友馆

谷诒堂
秀气广场
久韵客家茶馆
编织技艺展示馆
客家染织服务体验馆
水池广场
酿酒观览间
客家染织服体验馆
山歌馆
地下停车场入口
休憩楼
客家工艺品店
名人书画轩
谍影长享
聚客广场
露天观景台
次入口
方正广场

游客服务中心
主入口
停车场
围屋风情街
明代建筑
围龙趣味广场
骑楼风情街

**经济技术指标：**
总用地面积：19.97公顷
总建筑面积：239646m²
建筑密度：46%
绿地率：23%
容积率：1.2
停车位：1198个

---

**设计目标**
活化围屋建筑功能，提升人文旅游环境
疏通道路交通体系，改善社区整体风貌

**设计理念**
传承客家围屋文化
逐步更新老城

**规划措施**
旧式建筑融入城市新功能传统文化串联围屋建筑群
优化产业发展体验性旅游改善环境营造优质新生活

### 中山路活动策划图

久韵客家茶馆
酿酒体验馆
城西大道
编织技艺展示馆
儿童欢乐展馆
水池广场
秀区广场
方正广场
文创工厂
聚客广场
客家技艺馆
谷诒堂
客家风俗馆
明代建筑群
中山路骑楼街
凌风东西路骑楼街
会友馆

交通改造情况

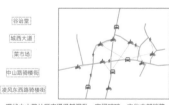

谷诒堂
城西大道
菜市场
中山路骑楼街
凌风东西路骑楼街

现状中山路片区交通极其混乱，空间破碎，文化内部消隐。人群流线单一，单调。人群活动空间活动内容较少。

编织技艺展示馆
酿酒体验馆
客家服饰展馆
客家风俗馆
谷诒堂
客家技艺馆
中山路骑楼街
凌风东西路骑楼街

设计对中山路的交通进行疏导，引导快速交通外围绕行使中山路慢行化。修补整合内部的破碎空间，并置入特色活动，增加人群的停留节点，彰显文化特色。

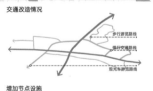

增加节点设施

丰富活动空间

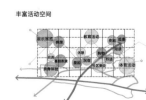

· 凌风东西路平面图

设计目标：
提升骑楼景观风貌、展现梅州生活风情、带动旅游产业水平、实现社区协调发展

规划措施：
骑楼修缮修复旧日梅州时光，新老商业街区交融迸发活力，学宫游园增加区域文化韵味，堤坝江景改造提升游览趣味

设计理念：
延续骑楼文脉映射社会关系

经济技术指标：
总用地面积：18.99公顷
总建筑面积：246873m²
建筑密度：48%
绿地率：25%
容积率：1.3
停车位：1234个

· 功能空间分解分析图

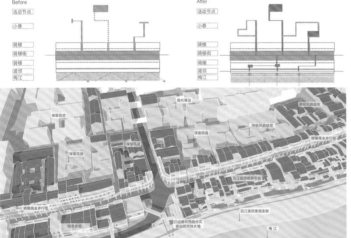

功能空间分解

· 堤岸改造分析图

凌风东西路屋顶观景平台设置在靠近堤岸一侧，将骑楼二层与堤岸相连接，充分利用骑楼街的景观界面，同时，不会破坏骑楼街内部街巷风貌。
关键节点处堤岸使用江边堤坝用组合式移动防洪挡水墙，在非汛期移除挡水墙，打通骑楼街区与江景的视线联系，引导人流通往滨江堤岸活动。

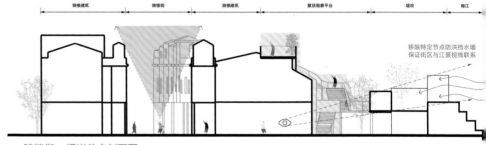

· 骑楼街 - 堤岸节点剖面图

· 移动式防洪挡水墙功能分析图

梅江汛期将关闭特定节点防洪挡水墙，充分发挥堤岸防洪功能，保证城市防汛安全。

· 移动式防洪挡水墙功能分析图 - 堤岸减法设计示意图

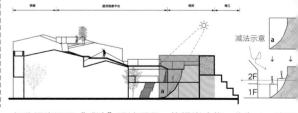

部分堤岸运用"减法"设计手段，将堤岸功能一分为二，滨江侧保证堤岸防度汛功能。堤岸靠近骑楼侧消除部分堤岸，退出空间距离，构建活动平台与骑楼二层进行联系。

**凌風東西路效果圖**

壩改造

邊界面

**· 騎樓街－屋頂觀景平台－堤岸 流線分析**

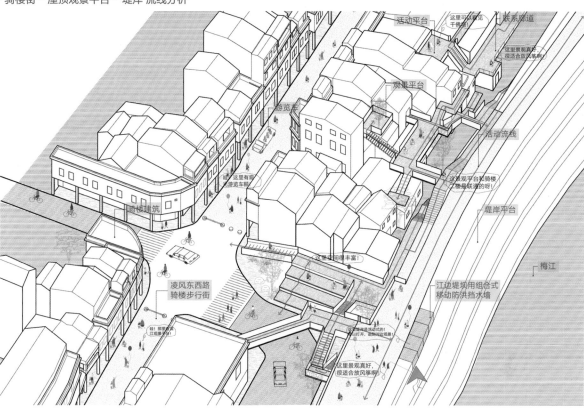

**尋客 APP 製作**

**· 中山路效果圖**

**· 總體效果圖**

# 厦门大学
## Xiamen University

张航星

邵麟惠

林晓云

江和洲

蔡佳琪

厦门大学组

**林晓云**

这次的联合毕设，对我来说别具意义。六所高校，五载年华，四座城市，三月历程，两次汇报，一次难忘的经历。三人行必有我师，最宝贵的是六校同学之间的取长补短切磋学习；独木不成林，最深刻的是一次次地体验团队协作的力量。结束亦是开始，莘莘学子漫漫路，期待下一次的相遇。

**蔡佳琪**

很感谢自己选择了六校联合毕设，也很荣幸这场盛宴选择了我。其间高强度的工作和严厉的打击也曾让我动摇自己是否适合，如今走到终点回首前路，三个月的辛苦已经模糊，认识的那些有趣的人、见识的优秀作品、老师们的谆谆教诲、学长学姐同学们的无私帮助日渐清晰，感谢你们带给我一次深刻的毕设经历。最后希望自己今后可以始终在身体上保持饥饿，在知识上保持饥渴。

**邵麟惠**

我的六校联合毕设经历是由很多个"一"组成：第一次去西南地区，第一次过敏，第一次写剧本，第一次角色扮演当"市长"，第一次连着多半个月努力画图不出校门，第一次使用激光雕刻机，第一次回晚了被锁在宿舍楼门外，第一次做主持人，还有，最后一次做规划相关的设计。在以后的人生中，这次经历的很多"第一次"可能会变成"最后一次"。所以，感谢这段岁月里遇到的所有人和事！江湖夜雨十年灯，我们有缘再见！

**江和洲**

这可能是我五年来最不希望尽早结束的一次设计作业，因为我知道这意味着毕业，意味着我要离开这所学校。这三个月来，我和小伙伴们辗转在厦门、广州、昆明、成都之间，设计做得很辛苦，但也收获了一场很特别的"毕业旅行"。在去往成都的前一天晚上，全组上下弥漫着一股"要什么自行车"的佛系气氛，可是第二天到了成都，我们还是排练汇报到晚上十一点，组长有一颗试比天高的心，小伙伴们也同样很给力。不管怎样，毕业设计还是结束了，祝我大城规的小伙伴们前程似锦，咱们毕业后再见啊啊啊啊啊！

**张航星**

设计确实需要灵感，合适的理念引导好的设计，同时认识到不能用"我认为这样做好"的思维模式去规划，而是基于底层认知地"接地气"规划，否则只是一张艺术图画而非图纸。

## ■ 背景研究-项目背景

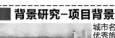

城市名片
优秀旅游
历史名城
世界客都

地域文化
客家文化
红色文化
围屋文化
科举文化

地域资源
文化资源
生态资源

民营资本
华侨之乡
投资融资

梅州市位于广东省东北部,是客家人南迁的最后一个落脚点,拥有世界客都的美誉,也是全国重点侨乡,1994年被国务院批准为国家历史文化名城。

近年梅州中心城区扩容提质步伐加快,不断改变着城市的尺度、形态和人们的生产生活方式。老城在传统和现代的矛盾交织中举步维艰,急需寻求一种新的姿态和方式转变被动的局面。

同时响应党的十九大关于"加强文物保护利用和文化遗产保护传承"的号召,开展《广东省梅州市历史城区保护与更新规划》。

## ■ 背景研究-研究范围

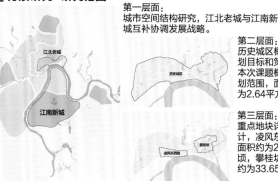

第一层面:
城市空间结构研究,江北老城与江南新城互补协调发展战略。

第二层面:
历史城区概念规划目标和策略。本次课题概念规划范围,面积约为2.64平方千米。

第三层面:
重点地块详细设计,凌风东西路面积约为20.4公顷,攀桂坊面积约为33.65公顷。

## ■ 背景研究-区位解读

**1.梅州在粤闽赣区位**

○粤闽赣三省中心,梅州位于粤闽赣三省交界处,区位优势明显,有条件作为三省旅游集散地。

○客家四州大本营,在梅州、惠州、汀州、赣州客家四州中,梅州的客家人最为集中,被誉为"世界客都"。

**2.梅州在广东省区位**

○梅州位于广东省主要发展轴和东部次要发展轴交点处,是粤东北门户枢纽城市。

○梅州地域辽阔,是广东省主要城市群东北腹地,可作为珠三角、汕潮揭东进北拓的桥头堡。

**图例**
→ 主要发展轴
---→ 次要发展轴
● 城市

**3.中心城区在梅州市区位**

○市域组团布局:中心城区处于梅州市中心腹地,经济上辐射带动外围组团协同发展,文化上牵头树立文化门户形象。

○市域交通布局:梅州高速公路里程占全省9%,是国家公路运输枢纽城市;高铁时代衍生出的高铁经济带来了大量的人流、物流、资金流。

## ■ 溯源寻脉-客乡变迁

**□ 起源阶段:秦汉时期**
秦在岭南设郡,秦军进驻岭南,**中原文化开始进入岭南**

**□ 成熟阶段:两宋-明朝**
宋代大量中原贵族迁入,明代客家人口急剧增加,**已无明确主客之分**,客家方言形成,客家文化到达成熟时期

**□ 断层阶段:1949-2018**
江南新城发展增速,城市发展重心转移,人口往新城转移,原有**老城被边缘化**,古城迷失方向经济呈衰败

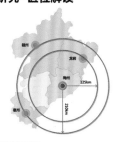

两次中原汉人迁徙,中原汉人不断迁入,适应新的生存环境,**与土著不断融合**

**□ 融合阶段:东晋-唐末**

明末清初的社会动荡以及康熙年间的开辟诏命,粤东北客家人向外迁移,清末太平天国后大量**向海外迁徙**

**□ 外迁阶段:明末-清末**

深厚的文化底蕴与客乡旅游资源相结合,现代化的生活方式逐渐嵌入传统的居住环境,传统客乡迎来**新的发展契机**

**□ 回游阶段:未来**

**■ 城建用地演变**——老城区历来是城市建设重点,90年代后向西、南偏移,江南新区开发

宋元　　　　明清　　　　民国　　　　中华人民共和国成立后　　　　90年代后　　　　至今

**■ 地域文化发展**——多元文化共生共荣

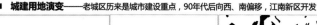

**古越文化** 百越族聚居地

**侨乡文化** 南迁至梅州后外迁海外

**围屋文化** 客家人繁衍生息建造围龙屋聚居

**科举文化** 人文秀区科举文化盛行

**红色文化** 辛亥革命策源地中央苏区重要组成

**客家文化** 百花齐放多元包容

商周　　　　明　　　　清初　　　　清乾隆　　　　清末　　　　至今

**■ 城区功能演变**——原有商贸功能减弱,现今以居住功能为主

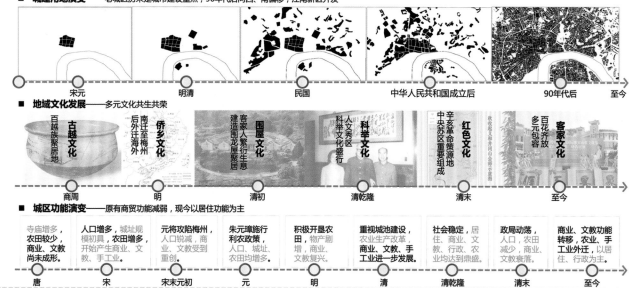

| 寺庙增多,农田较少,商业、文教尚未成形。 | 人口增多,城址规模初具,农田增多,开始产生商业、文教、手工业。 | 元将攻陷梅州,人口锐减,商业、文教受到重创。 | 朱元璋施行利农政策,人口、城址、农田均增多。 | 积极开垦农田,物产剧增,商业、文教复兴。 | 重视城池建设,农业生产改革,商业、文教、手工业进一步发展。 | 社会稳定,居住、商业、文教、行政、农业均达到鼎盛。 | 政局动荡,人口减少,商业、文教衰落。 | 商业、文教功能转移,农业、手工业外迁,以居住、行政为主。 |
|---|---|---|---|---|---|---|---|---|
| 唐 | 宋 | 宋末元初 | 元 | 明 | 清 | 清乾隆 | 清末 | 至今 |

指导教师 王量量 林晓云 蔡佳琪 邵麟惠

江和洲 张航星

厦门大学 城市规划系

广东省梅州市

历史城区保护与更新规划

城脉游乡

断续回客

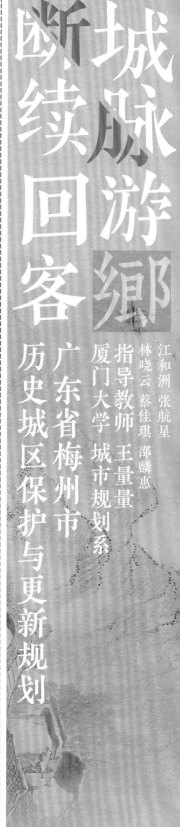

## 溯源寻脉－山水格局

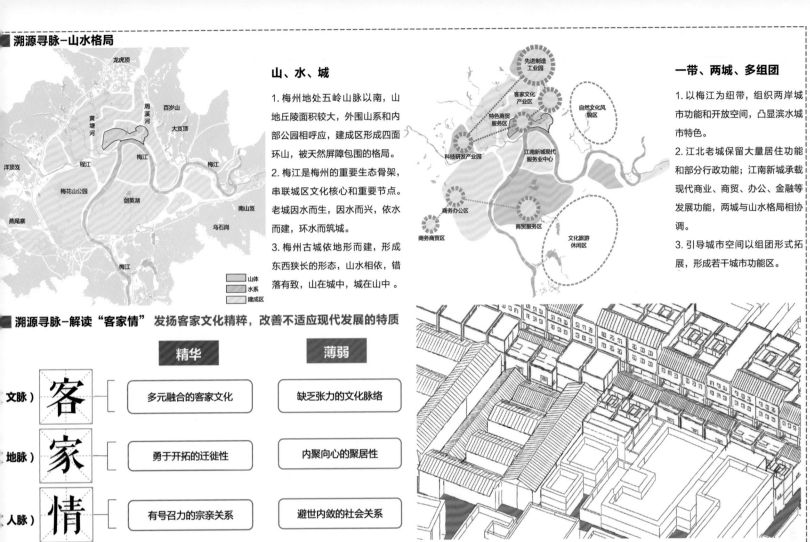

### 山、水、城

1. 梅州地处五岭山脉以南，山地丘陵面积较大，外围山系和内部公园相呼应，建成区形成四面环山，被天然屏障包围的格局。

2. 梅江是梅州的重要生态骨架，串联城区文化核心和重要节点。老城因水而生，因水而兴，依水而建，环水而筑城。

3. 梅州古城依地形而建，形成东西狭长的形态，山水相依，错落有致，山在城中，城在山中。

山体
水系
建成区

### 一带、两城、多组团

1. 以梅江为纽带，组织两岸城市功能和开放空间，凸显滨水城市特色。

2. 江北老城保留大量居住功能和部分行政功能；江南新城承载现代商业、商贸、办公、金融等发展功能，两城与山水格局相协调。

3. 引导城市空间以组团形式拓展，形成若干城市功能区。

## 溯源寻脉－解读"客家情" 发扬客家文化精粹，改善不适应现代发展的特质

| | 精华 | 薄弱 |
|---|---|---|
| 客（文脉） | 多元融合的客家文化 | 缺乏张力的文化脉络 |
| 家（地脉） | 勇于开拓的迁徙性 | 内聚向心的聚居性 |
| 情（人脉） | 有号召力的宗亲关系 | 避世内敛的社会关系 |

## 断城诊脉－人口结构片段化

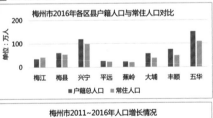

梅州市2016年各区县户籍人口与常住人口对比
单位：万人
梅江 梅县 兴宁 平远 蕉岭 大埔 丰顺 五华
■户籍总人口 ■常住人口

**人口净迁出城市，劳动适龄人口断层**

○梅州市常年人口流失率保持在18%~20%，劳动力异地转移。人口结构老化

○老龄人口所占比例上升，2016年65岁及以上人口为52.52万人，占12.10%。（超过7%即为老龄化社会）

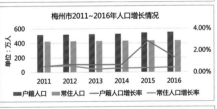

梅州市2011~2016年人口增长情况
单位：万人
2011 2012 2013 2014 2015 2016
■户籍人口 ■常住人口 ─户籍人口增长率 ─常住人口增长率

**人口本地城市化受阻，异地城市化活跃**

○梅州市城市规模发展不足，城镇容纳能力未能满足劳动力本地转移和人口本地城市化的发展需要，本地城市化受阻，以就业为目的的劳动力异地城市化活跃。

○文化素质高的劳动力率先实现异地城市化，导致梅州市本地人口质量危机。

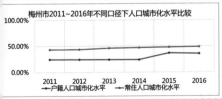

梅州市2011~2016年不同口径下人口城市化水平比较
100.00%
50.00%
0.00%
2011 2012 2013 2014 2015 2016
─户籍人口城市化水平 ─常住人口城市化水平

数据来源：2017年城市竞争力报告

| 年轻人口新增率 | 年轻人口流出率 | 年轻人口净增率 |
|---|---|---|
| 30.77% | 30.18% | 0.6% |

梅州市2015年人口结构
■0-14岁
■15-64岁
■65及以上
20%
12%
68%
数据来源：梅州2015年全国1%人口抽样调查数据

## 断城诊脉－旅游经济片段化

梅州市2010-2016年三次产业结构变化
| | 2010 | 2011 | 2012 | 2013 | 2014 | 2015 | 2016 |
|---|---|---|---|---|---|---|---|
| 第三产业 | 38.5% | 39.9% | 42.0% | 42.6% | 43.0% | 43.7% | 44.9% |
| 第二产业 | 41.0% | 39.4% | 37.1% | 36.9% | 37.3% | 36.7% | 35.3% |
| 第一产业 | 20.4% | 20.7% | 20.9% | 20.5% | 19.7% | 19.6% | 19.8% |

■第一产业 ■第二产业 ■第三产业

2014
207
188
175
469
419
381
330 352
369
2016
2015
■第一产业 ■第二产业 ■第三产业
梅州2014、2015、2016年三产比较

■旅游总收入 ─游客平均消费
2016年客家四州与旅游大市的旅游总收入及游客平均消费比较

## ■ 断城诊脉-旅游经济片段化

### 经济总量偏小,经济低速企稳
○2017 年全年 GDP 增长 6.8%,增速比全省(7.5%)和全国(6.9%)平均水平分别低 0.7、0.1 个百分点,比去年回落 0.7 个百分点。

### 三产比重超过二产,工业增速乏力
○从 2011 年开始,梅州市三产超过二产,呈现"三二一"的产业发展格局。
○从 2010 至 2016 年,梅州市产业结构呈现一产比重保持稳定,二产稳步下降和三产稳步提升的态势。
○2017 年,一产拉动 GDP 增长回落,二产增速乏力,六大支柱产业中电力、机械制造、矿产加工出现负增长。

### 三产对一、二产的带动较弱
○比较近三年一二三产的产值,发现三产在总值和占比上都呈上升趋势,但旅游业对一二产的带动作用不强。

### 旅游消费低、停留短
○比较客家四州和旅游大市的旅游年收入及游客平均消费,发现客家文化聚居地均属低消费、短停留城市。

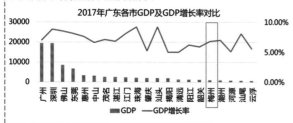

### 梅州市旅游收入逐年增长,但增长率呈整体下滑趋势
○2011 年至 2016 年,梅州市旅游收入逐年增长,旅游年收入占全市 GDP 比重也持续上升,2016 年达 36%。
○梅州市旅游年收入增长率整体呈下降趋势。反映梅州虽然旅游资源丰富,但旅游产业增长乏力,旅游市场亟待振兴。

## ■ 断城诊脉-空间结构片段化

  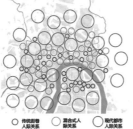

○江南新城发展增速,城市发展重心转移,旧城被边缘化,新旧城发展断层。

○较先发展起来的老城丢失活力,城市发展活力序列断层。

○老城以传统街巷人际关系和混合式人际关系为主,新城以现代都市人际关系为主,人际交往断层。

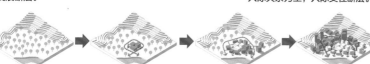
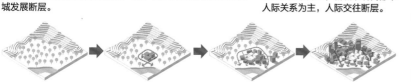

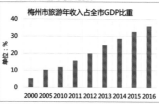
**■ 梅州市旅游年收入情况**

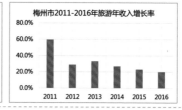

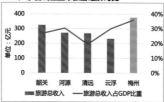
**■ 广东省山区五市旅游经济对比**

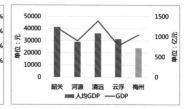

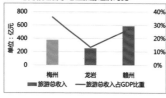
**■ 粤闽赣边客家地区旅游经济对比**

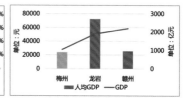

### 梅州市旅游收入占比高,但经济总量和人均水平偏低
○将梅州与广东省其他四座山区城市以及粤闽赣边客家地区城市(即龙岩、赣州)进行对比发现,2016 年梅州旅游总收入高,且旅游总收入占 GDP 比重最大,可见旅游收入已成为梅州市主要经济收入。
○梅州市人均 GDP 为比较城市中最低,GDP 总量也较少。

○绿地系统断层　　　　○街道空间断层

○教育科研设施分布不均　　○行政办公设施分布不均

○水系体系断层　　　　○文娱休闲设施分布不均

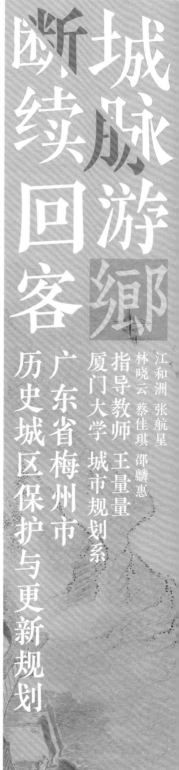

城脉游乡

断续回客

断城脉游乡续回客

广东省梅州市历史城区保护与更新规划

指导教师 王量量 城市规划系 厦门大学 城市规划系

江和洲 张航星 林晓云 蔡佳琪 邵麟惠

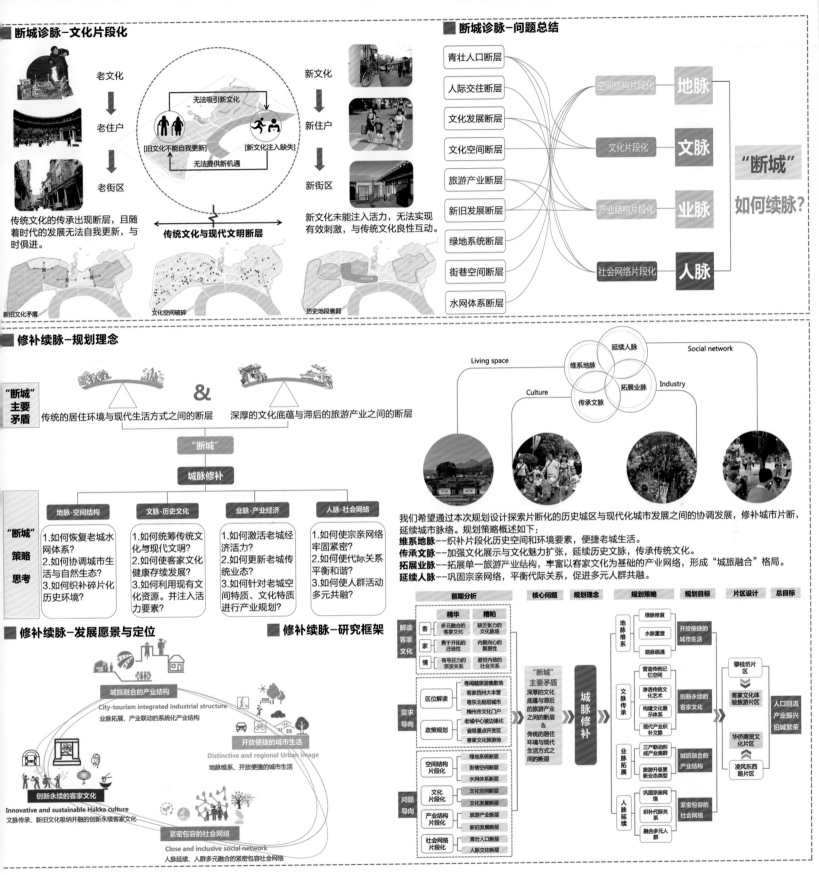

## 断城诊脉-文化片段化

老文化 → 老住户 → 老街区

无法吸引新文化

[旧文化不能自我更新] → [新文化注入缺失]

无法提供新机遇

新文化 → 新住户 → 新街区

传统文化的传承出现断层，且随着时代的发展无法自我更新，与时俱进。

**传统文化与现代文明断层**

新文化未能注入活力，无法实现有效刺激，与传统文化良性互动。

新旧文化矛盾　　文化空间破碎　　历史地段衰弱

## 断城诊脉-问题总结

青壮人口断层
人际交往断层 —— 空间结构片段化 —— **地脉**
文化发展断层
文化空间断层 —— 文化片段化 —— **文脉**
旅游产业断层
新旧发展断层 —— 产业结构片段化 —— **业脉**
绿地系统断层
街巷空间断层 —— 社会网络片段化 —— **人脉**
水网体系断层

**"断城"如何续脉？**

## 修补续脉-规划理念

**"断城"主要矛盾**
传统的居住环境与现代生活方式之间的断层 & 深厚的文化底蕴与滞后的旅游产业之间的断层

"断城" → 城脉修补

| 地脉-空间结构 | 文脉-历史文化 | 业脉-产业经济 | 人脉-社会网络 |
|---|---|---|---|
| 1.如何恢复老城水网体系？<br>2.如何协调城市生活与自然生态？<br>3.如何织补碎片化历史环境？ | 1.如何统筹传统文化与现代文明？<br>2.如何使客家文化健康存续发展？<br>3.如何利用现有文化资源，并注入活力要素？ | 1.如何激活老城经济活力？<br>2.如何更新老城传统业态？<br>3.如何针对老城空间特质、文化特质进行产业规划？ | 1.如何使宗亲网络牢固紧密？<br>2.如何使代际关系平衡和谐？<br>3.如何使人群活动多元共融？ |

**"断城"策略思考**

Living space / 维系地脉 / 延续人脉 / Social network
Culture / 传承文脉 / 拓展业脉 / Industry

我们希望通过本次规划设计探索片断化的历史城区与现代化城市发展之间的协调发展，修补城市片断，延续城市脉络。规划策略概述如下：

**维系地脉**——织补片段化历史空间和环境要素，便捷老城生活。
**传承文脉**——加强文化展示与文化魅力扩张，延续历史文脉，传承传统文化。
**拓展业脉**——拓展单一旅游产业结构，丰富以客家文化为基础的产业网络，形成"城旅融合"格局。
**延续人脉**——巩固宗亲网络，平衡代际关系，促进多元人群共融。

## 修补续脉-发展愿景与定位

**城旅融合的产业结构**
City-tourism integrated industrial structure
业脉拓展、产业联动的系统化产业结构

**开放便捷的城市生活**
Distinctive and regional Urban image
地脉维系、开放便捷的城市生活

**创新永续的客家文化**
Innovative and sustainable Hakka culture
文脉传承、新旧文化吸纳并融的创新永续客家文化

**紧密包容的社会网络**
Close and inclusive social network
人脉延续、人群多元融合的紧密包容社会网络

## 修补续脉-研究框架

| 前期分析 | 核心问题 | 规划理念 | 规划策略 | 规划目标 | 片区设计 | 总目标 |

解读客家文化
| 客 | 多元融合的客家文化 / 缺乏张力的文化脉络 |
| 家 | 勇于开拓的迁徙性 / 内聚内向的聚居性 |
| 情 | 有号召力的宗亲关系 / 避世内敛的社会关系 |

需求导向
区位解读：粤闽赣旅游离散地 / 客家四州大本营 / 粤东北枢纽重镇 / 梅州市文化门户 / 老城中心被边缘化
政策规划：省级重点开发区 / 客家文化旅游地

问题导向
空间结构片段化：绿地系统断层 / 街巷空间断层 / 水网体系断层
文化片段化：文化空间断层 / 文化发展断层
产业结构片段化：旅游产业断层 / 新旧发展断层
社会网络片段化：青壮人口断层 / 人际交往断层

**"断城"主要矛盾**
深厚的文化底蕴与滞后的旅游产业之间的断层 & 传统的居住环境与现代生活方式之间的断层

**城脉修补**

地脉维系：绿脉修复 / 水脉重塑 / 路线疏通
文脉传承：营造传统记忆空间 / 渗透传统文化艺术 / 构建文化展示体系 / 现代产业织补文脉
业脉拓展：三产联动形成产业集群 / 旅游升级更新业态类型
人脉延续：巩固宗亲网络 / 织补代际关系 / 融合多元人群

规划目标：
开放便捷的城市生活
创新永续的客家文化
城旅融合的产业结构
紧密包容的社会网络

片区设计：攀桂坊片区 / 客家文化体验旅游片区 / 华侨商贸文化片区 / 凌风东西路片区

总目标：人口回流 / 产业振兴 / 旧城繁荣

## ■ 旧城新脉−新旧城发展关系

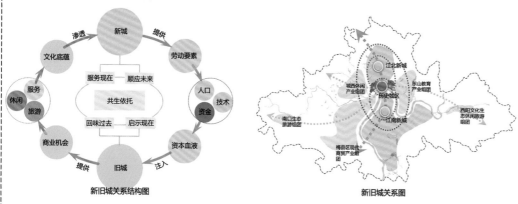

新旧城关系结构图

新旧城关系图

以历史城区为中心，要素沿蓝色主轴在新旧城之间双向流动，辅助黄色轴线间流动。

要素首先在江北新城、历史城区和历史城区、江南新城两个蓝色区域流动。随着时间推移，要素将在三个城区组成的大融合圈内自由流动。

## ■ 地脉维系：旧城地脉−山水城阡

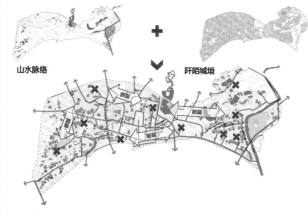

山水脉络

阡陌城垣

城市的发展较少依赖城市所处的自然环境，城市建设也较少利用所拥有的自然条件，建设活动往往与自然环境现状背道而驰，这导致了城市地脉出现了节节断裂，主要体现在城市的水网系统、景观绿化系统、道路交通系统中，同时城市的街道与街道、社区与社区之间也无法产生良好的关联。

## ■ 地脉维系：绿脉修复−生态通廊

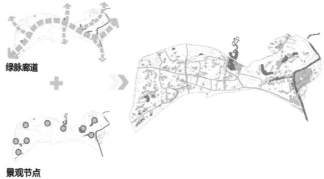

绿脉廊道

景观节点

### 构建生态通廊

构建联系老城与新城的生态通廊，织补零碎的绿地景观系统，改善老城人居环境，完善老城绿地系统网络与景观系统网络，推动城市绿地生态全面发展，全面提升老城的绿色人居环境。

## ■ 地脉维系：水脉重塑−引流润城

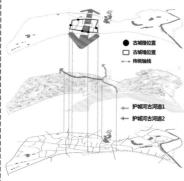

● 古城核位置
□ 古城郭位置
↔ 传统轴线

← 护城河古河道1
← 护城河古河道2

### 重塑城市水脉

据水城始立，附水城可兴，水系的丰竭关乎着城市的兴衰。历史上丰盈的梅江之水使梅州城曾经是一座拥有着四水贯城之相、水运交通之便的城市。

我们思考将梅江水系重新引入老城，重新开启传统的护城河古河道之流，滋润老城干涸的人居环境。

回溯、复原传统梅州的历史水渠与重要的城市轴线，作为城市设计的核心渠道。通过历史要素的提取叠加，进行城市水脉的重塑与复兴。

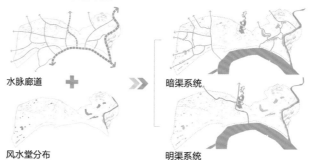

水脉廊道

风水塘分布

暗渠系统

明渠系统

结合现状的水系分布以及对历史水系的考察，构建老城与梅江、老城与新城之间的水脉廊道，将老城中的河、湖、池统一联系起来，形成独具特色的水渠系统，其明渠系统还原了古代梅州的护城河道，暗渠系统遍布东西老城，将老城中的风水池塘与梅江相连，使风水堂的水质得到自然更新。

城脉游乡

断续回客

历史城区保护与更新规划

广东省梅州市

城市规划系

厦门大学

王量量

指导教师

邵麟惠

蔡佳琪

林晓云

张航星

江和洲

## ■ 地脉维系：路脉疏通-慢行系统

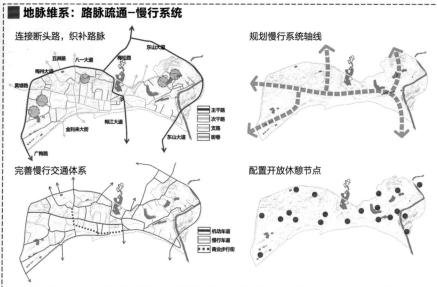

连接断头路，织补路脉

规划慢行系统轴线

完善慢行交通体系

配置开放休憩节点

梅州老城的交通系统存在多处断裂，慢行交通体系也并不连续，为居民出行带来了很多困扰。在保护城市肌理的前提下，对断头路进行织补，更新慢行交通系统，并配置休憩节点，使老城的慢行交通形成连续的系统，方便居民出行。

## ■ 地脉维系：路脉疏通-公交耦合

现状公交线路

规划公交站点

规划观光车系统

新增公交线路

步行观光路线

整合并优化老城的公共交通系统，适当新增些公交站点及路线，实现公共交通系统的全覆盖。引入观光电动车系统，在不增加老城交通负担的前提下，使游客能便捷游览老城各个景点，并且在需要的站点上下车。

## ■ 文脉传承-文脉断层

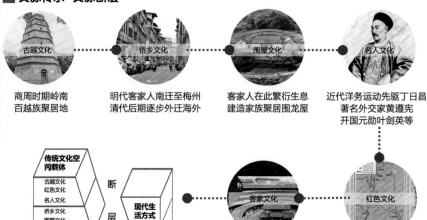

古越文化：商周时期岭南百越族聚居地

侨乡文化：明代客家人南迁至梅州清代后期逐步外迁海外

围屋文化：客家人在此繁衍生息建造家族聚居围龙屋

名人文化：近代洋务运动先驱丁日昌著名外交家黄遵宪开国元勋叶剑英等

解放后，传统文化与现代生活方式产生断层。

客家文化：各种文化杂糅混合各放光彩逐步形成多元包容的客家文化

红色文化：辛亥革命策源地之一原中央苏区重要组成部分

## ■ 文脉传承-文脉织补

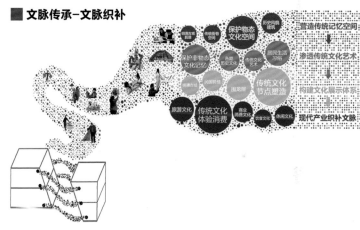

首先，营造传统记忆空间，通过历史风貌建筑、传统街巷空间等物态文化的保护作为非物态文化的载体；渗透传统文化艺术，对传统文化艺术、居民生活习俗等文化展现；通过对围龙屋骑楼等重要节点的塑造，构建文化展示体系；最后通过现代产业的植入来织补文脉，增加传统文化现代体验消费，进而增加其文化渗透力和感染力。

## ■ 文脉传承-文脉织补

图例
- 古炮楼
- 古亭
- 古井
- 古树名木
- 不可移动文物
- 水域
- 历史建筑
- 全国重点文物保护单位
- 广东省文物保护单位
- 梅州市文物保护单位
- 县级文物保护单位
- 古城墙

物态文化保存分布图

居民生活习俗展示游线
各期历史文化展示游线
传统文化艺术展示游线
推荐历史建筑

文物保护单位　　不可移动文物

将居民生活习俗展示游线、各期历史文化展示游线、传统文化艺术展示游线植入其中，渗透传统文化艺术，盘活传统记忆空间。

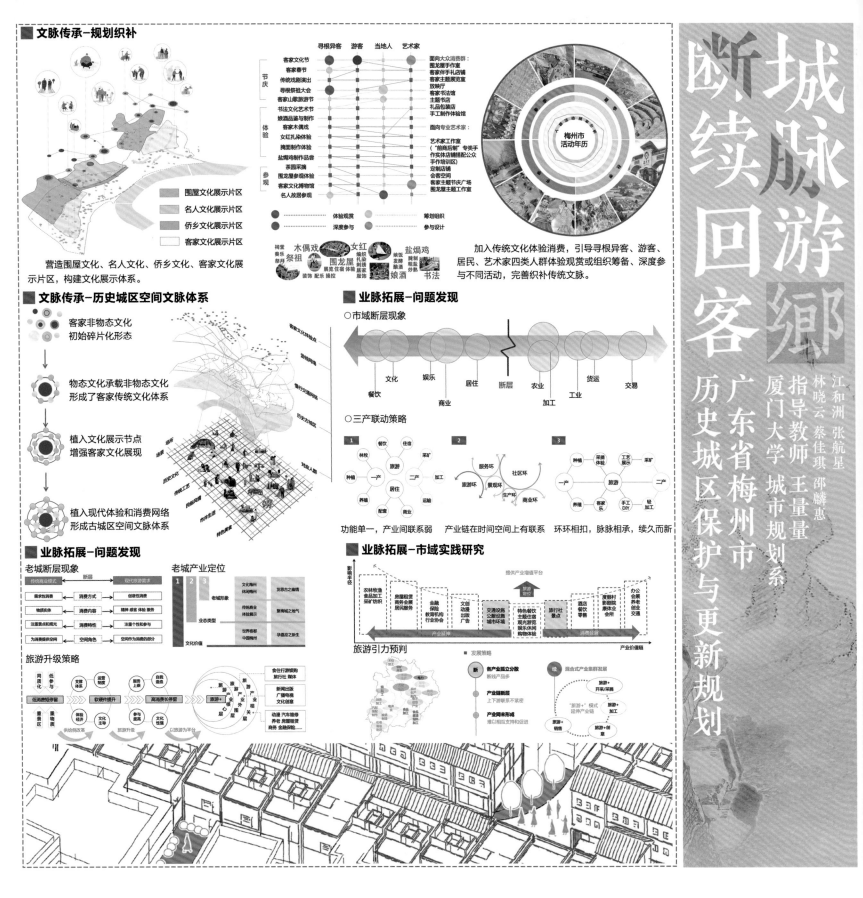

## 文脉传承−规划织补

营造围屋文化、名人文化、侨乡文化、客家文化展示片区，构建文化展示体系。

围屋文化展示片区
名人文化展示片区
侨乡文化展示片区
客家文化展示片区

寻根异客　游客　当地人　艺术家

面向大众消费群：
围龙屋手作室
客家伴手礼店铺
客家主题展览室
放映厅
客家书法馆
主题书店
礼品包装店
手工制作体验馆

面向专业艺术家：
艺术家工作室
（"前商后制"专类手作实体店铺搭配公众手作培训区）
定制品铺
会客空间
客家主题节庆广场
围龙屋主题工作室

节庆
客家文化节
客家春节
传统戏剧演出
寻根祭祖大会
客家山歌旅游节

体验
书法文化艺术节
娘酒品鉴与制作
客家木偶戏
女红扎染体验
腌面制作体验
盐焗鸡制作品尝

参观
茶园采摘
围龙屋参观体验
客家文化博物馆
名人故居参观

● 体验观赏　● 筹划组织
● 深度参与　● 参与设计

梅州市活动年历

加入传统文化体验消费，引导寻根异客、游客、居民、艺术家四类人群体验观赏或组织筹备、深度参与不同活动，完善织补传统文脉。

木偶戏　女红　盐焗鸡
围龙屋　娘酒　书法

## 文脉传承−历史城区空间文脉体系

客家非物态文化
初始碎片化形态

物态文化承载非物态文化
形成了客家传统文化体系

植入文化展示节点
增强客家文化展现

植入现代体验和消费网络
形成古城区空间文脉体系

## 业脉拓展−问题发现

○市域断层现象

文化　娱乐　居住　断层　农业　货运　交易
餐饮　商业　加工　工业

○三产联动策略

1　功能单一，产业间联系弱
2　产业链在时间空间上有联系
3　环环相扣，脉脉相承，续久而新

## 业脉拓展−问题发现

老城断层现象

老城产业定位

旅游升级策略

## 业脉拓展−市域实践研究

旅游引力预判

发展策略
断　各产业孤立分散　断线旅游产品多
产业断层　上下游联系不紧密
产业网未形成　难以相互支持和促进
续　混合式产业集群发展
"旅游+"模式延伸产业链

城脉游乡
断续回客

广东省梅州市历史城区保护与更新规划

指导教师　王量量
厦门大学　城市规划系
江和洲　张航星
林晓云　蔡佳琪　邵麟惠

## ■ 业脉拓展－市域实践研究

混合式产业集群——两轴三区一枢纽

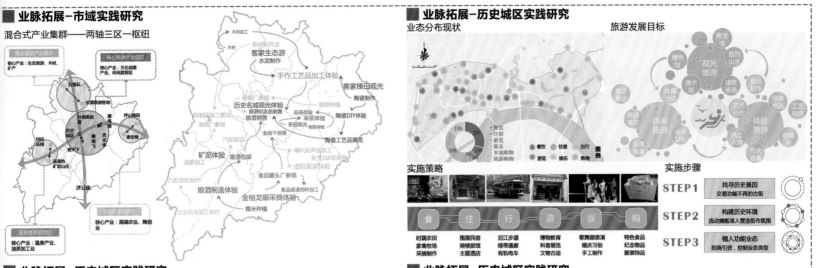

## ■ 业脉拓展－历史城区实践研究

业态分布现状 旅游发展目标

实施策略 实施步骤

STEP1 找寻历史基因
交易功能不再的古街

STEP2 构建历史环境
流动摊贩准入营造街市氛围

STEP3 植入功能业态
招商引资，控制业态类型

## ■ 业脉拓展－历史城区实践研究

业态分布规划

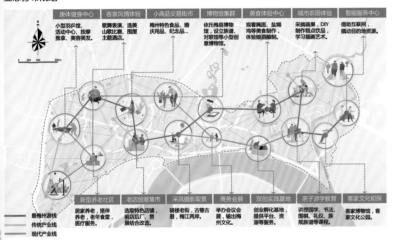

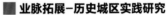

## ■ 业脉拓展－历史城区实践研究

混合式产业片区

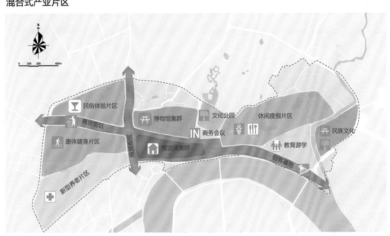

## ■ 旧城新脉－人脉延续

社会网络断层　　规划目标

社会秩序演变

社会秩序重构

## ■ 人脉延续－宗亲网络织补

重构社会秩序-社区单元划分

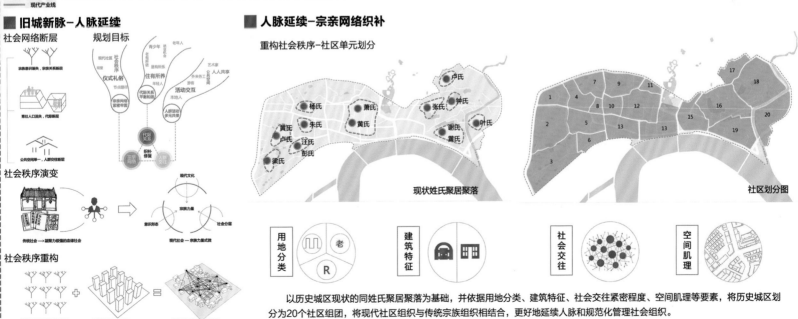

现状姓氏聚居聚落　　　　　　　　社区划分图

以历史城区现状的同姓氏聚居聚落为基础，并依据用地分类、建筑特征、社会交往紧密程度、空间肌理等要素，将历史城区划分为20个社区组团，将现代社区组织与传统宗族组织相结合，更好地延续人脉和规范化管理社会组织。

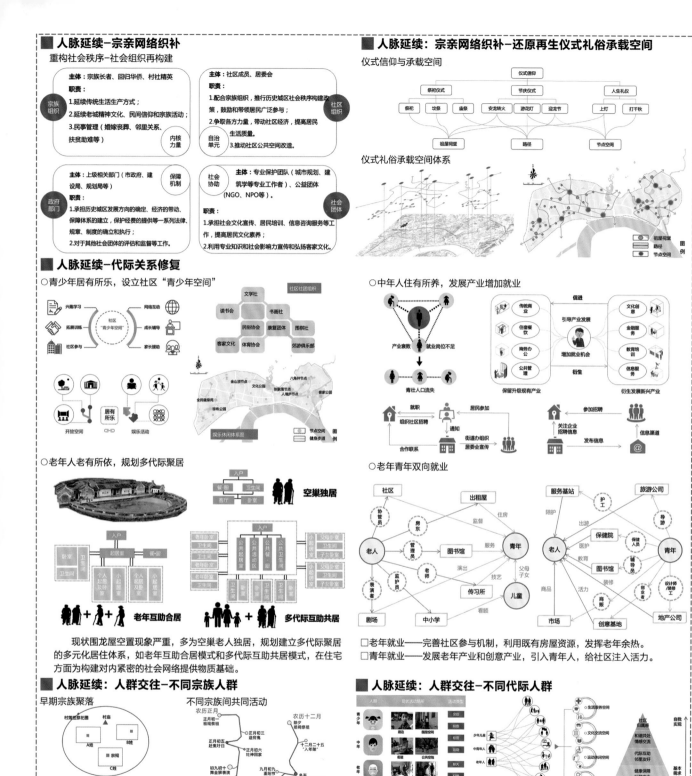

■ **人脉延续－宗亲网络织补**

**重构社会秩序－社会组织再构建**

宗族组织（内核力量）
主体：宗族长者、回归华侨、村社精英
职责：
1.延续传统生活生产方式；
2.延续老城精神文化、民间信仰和宗族活动；
3.民事管理（嫁娶丧葬、邻里关系、扶贫助难等）

社区组织（自治单元）
主体：社区成员、居委会
职责：
1.配合宗族组织，推行历史城区社会秩序构建政策，鼓励和带领居民广泛参与；
2.争取各方力量，带动社区经济，提高居民生活质量。
3.推动社区公共空间改造。

政府部门（保障机制）
主体：上级相关部门（市政府、建设局、规划局等）
职责：
1.承担历史城区发展方向的确定、经济的带动、保障体系的建立、保护经费的提供等一系列法律、规章、制度的确立和执行；
2.对于其他社会团体的评估和监督等工作。

社会团体（社会协助）
主体：专业保护团队（城市规划、建筑学等专业工作者）、公益团体（NGO、NPO等）
职责：
1.承担社会文化宣传、居民培训、信息咨询服务等工作，提高居民文化素养；
2.利用专业知识和社会影响力宣传和弘扬客家文化。

■ **人脉延续：宗亲网络织补－还原再生仪式礼俗承载空间**

仪式信仰与承载空间

仪式礼俗承载空间体系

■ **人脉延续－代际关系修复**

○ 青少年居有所乐，设立社区"青少年空间"

○ 中年人住有所养，发展产业增加就业

○ 老年人老有所依，规划多代际聚居

现状围龙屋空置现象严重，多为空巢老人独居，规划建立多代际聚居的多元化居住体系，如老年互助合居模式和多代际互助共居模式，在住宅方面为构建对内紧密的社会网络提供物质基础。

○ 老年青年双向就业

□ 老年就业——完善社区参与机制，利用既有房屋资源，发挥老年余热。
□ 青年就业——发展老年产业和创意产业，引入青年人，给社区注入活力。

■ **人脉延续：人群交往－不同宗族人群**

早期宗族聚落

不同宗族间共同活动

"祭祀圈"概念

■ **人脉延续：人群交往－不同代际人群**

活动交互设计

城脉游乡

断续回客

指导教师 王量量

江和洲 张航星
林晓云 蔡佳琪 邵麟惠

厦门大学 城市规划系

广东省梅州市

历史城区保护与更新规划

118

## ■ 人脉延续：活动空间现状

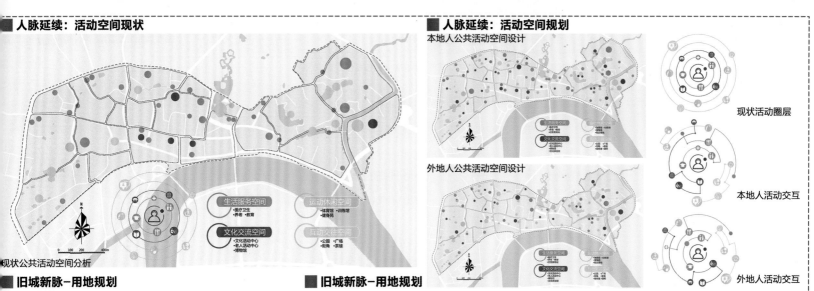

现状公共活动空间分析

## ■ 人脉延续：活动空间规划

本地人公共活动空间设计

外地人公共活动空间设计

现状活动圈层

本地人活动交互

外地人活动交互

## ■ 旧城新脉－用地规划

用地平衡表

| 用地代码 | 用地名称 | | 用地面积（公顷） | 占城市建设用地比例（%） |
|---|---|---|---|---|
| R | 居住用地 | | 113.37 | 50.25 |
| A | 公共管理与公共服务设施用地 | | 34.32 | 15.21 |
| | 其中 | 行政办公用地 | 5.93 | 2.63 |
| | | 文化设施用地 | 5.77 | 2.56 |
| | | 教育科研用地 | 16.09 | 7.13 |
| | | 体育用地 | 0.15 | 0.07 |
| | | 医疗卫生用地 | 1.34 | 0.59 |
| | | 社会福利用地 | 0.49 | 0.22 |
| | | 文物古迹用地 | 4.09 | 1.81 |
| | | 宗教用地 | 0.46 | 0.21 |
| B | 商业服务业设施用地 | | 13.92 | 6.17 |
| M | 工业用地 | | 3.29 | 1.46 |
| U | 公用设施用地 | | 0.47 | 0.21 |
| G | 绿地与广场用地 | | 17.09 | 7.57 |
| | 其中 | 公园绿地 | 16.97 | 7.52 |
| C | 混合用地 | | 42.74 | 18.98 |
| | 其中 | 居住商业混合 | 33.9 | 15.05 |
| | | 工业商业混合 | 4.43 | 1.97 |
| | | 农业商业混合 | 4.41 | 1.96 |
| 合计 | | | | 225.2 |

| 用地混合性 | |
|---|---|
| 居住商业混合 | 居住建筑面积和商业建筑面积之和占比超过80% |
| 工业商业混合 | 工业建筑面积和商业建筑面积之和占比超过80% |
| 农业商业混合 | 农业建筑面积和商业建筑面积之和占比超过80% |

| 用地兼容性 | 居住用地 | 行政办公用地 | 文化设施用地 | 体育用地 | 商业服务业设施用地 |
|---|---|---|---|---|---|
| 居住用地 | | | | | |
| 行政办公用地 | × | | | | |
| 文化设施用地 | ✓ | ○ | | | |
| 体育用地 | ✓ | ○ | ✓ | | |
| 商业服务业设施用地 | ✓ | ○ | ✓ | ✓ | |
| 工业用地 | ○ | × | ○ | × | ○ |

注：✓表示可兼容，○表示一定条件下可兼容，×表示不可兼容。
其它未明用地均不可兼容。

## ■ 旧城新脉－用地规划

图例

**基本情况**

○攀桂坊毗邻梅江，被周溪河与原护城河水系围绕。东至客家博物馆，西接历史文化街区，是文化片区重要的衔接带。

○攀桂坊自古以来就是客家人文秀区，凝聚着深厚的客家文化。

**基地定位**

○旧坊新业重拾客家记忆，

○故道新人重现梅州古韵。

## ■ 攀桂坊地脉－围屋寻根

（1）水系流通堵塞，滨水空间狭窄，亲水体验不佳。

（2）建筑围合度过高，道路感被挤压，抑制了巷道活力。

（3）传统街巷肌理不完整，活力较低，业态融入程度低。

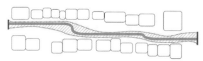

**STEP1** 增加暗渠流通水系，柔化、适当拓宽水塘边界，让水系和周边建筑、道路的关系更加和谐、紧密。

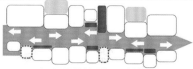

**STEP1** 拆除质量较差建筑，释放巷道空间，新增生态绿地、街道设施来织补街道，使街道空间开闭自如、尺度宜人。

**STEP1** 依据当地传统街巷肌理，拆除破坏里巷肌理的破旧房屋和简易建筑。

**STEP2** 插入滨水生态模块、亲水平台等公共空间来丰富风水塘、滨水的景观空间。

**STEP2** 在道路中适当插入小品或生态兴趣点来吸引、遮挡视线，使道路景观更加丰富。

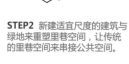

**STEP2** 新建适宜尺度的建筑与绿地来重塑里巷空间，让传统的里巷空间来串接公共空间。

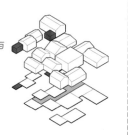

**STEP3** 利用生态景观节点与亲水交流空间的引入来引导人们在岸线中穿行路径。

**STEP3** 利用小品、生态景观等空间要素的插入，引导人们在新的道路空间中的穿行路径。

**STEP3** 依托街巷肌理，植入特色功能与特色商坊，活化巷道空间。

## ■ 攀桂坊文脉－围屋溯源

构建文化互动网络，客家文化创新延续

连接

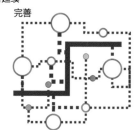

完善

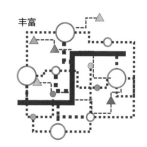

丰富

新增创意文化活动
客家印象过目不忘

网络活力节点塑造

现状文化互动网络几无

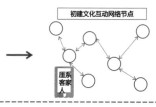

初建文化互动网络节点

增加文化互动网络节点

形成文化互动网络节点

江和洲　张航星
林晓云　蔡佳琪　邵麟惠
指导教师　王量量
厦门大学　城市规划系

城脉游乡
断续回客

广东省梅州市
历史城区保护与更新规划

**攀桂坊业脉－围屋新活**

分时段还原流动菜市场/商摊，增加小业态活力

创意流动商摊模式设计

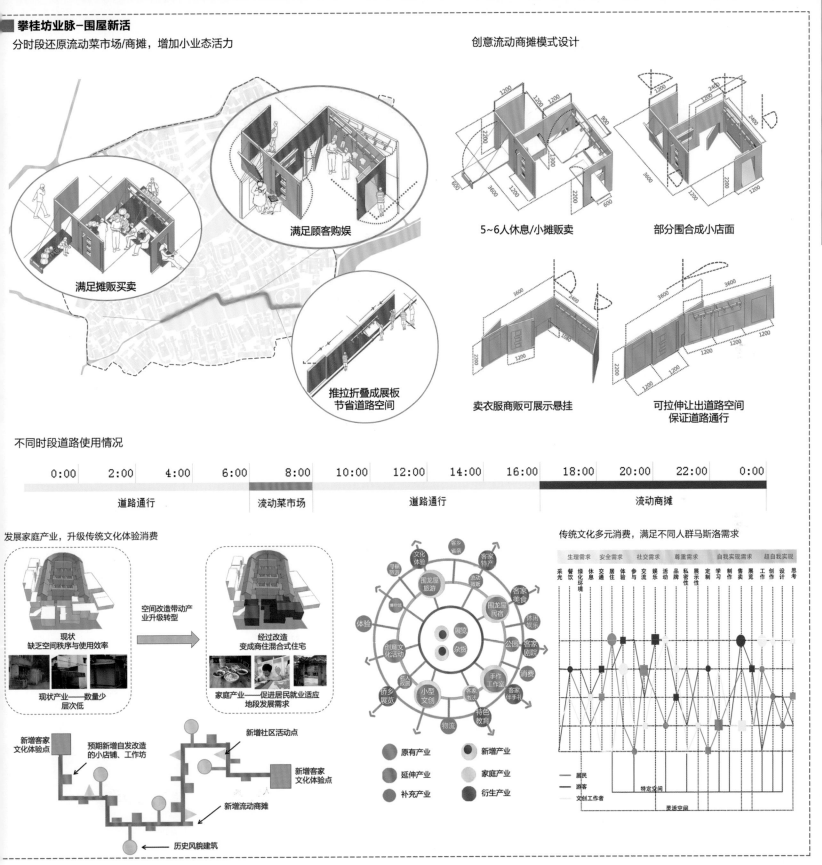

满足摊贩买卖

满足顾客购娱

推拉折叠成展板
节省道路空间

5～6人休息/小摊贩卖

部分围合成小店面

卖衣服商贩可展示悬挂

可拉伸让出道路空间
保证道路通行

不同时段道路使用情况

| 0:00 | 2:00 | 4:00 | 6:00 | 8:00 | 10:00 | 12:00 | 14:00 | 16:00 | 18:00 | 20:00 | 22:00 | 0:00 |

道路通行　　　　　流动菜市场　　　　　道路通行　　　　　流动商摊

发展家庭产业，升级传统文化体验消费

现状
缺乏空间秩序与使用效率

空间改造带动产业升级转型

经过改造
变成商住混合式住宅

现状产业——数量少
层次低

家庭产业——促进居民就业适应
地段发展需求

新增客家
文化体验点

预期新增自发改造
的小店铺、工作坊

新增社区活动点

新增客家
文化体验点

新增流动商摊

历史风貌建筑

原有产业　　新增产业
延伸产业　　家庭产业
补充产业　　衍生产业

传统文化多元消费，满足不同人群马斯洛需求

| 生理需求 | 安全需求 | 社交需求 | 尊重需求 | 自我实现需求 | 超自我实现 |

居民
游客
文创工作者

## ■ 攀桂坊人脉-围屋重聚

### 人群空间需求分析

通过分析区域内七类典型人群的需求，将设计目的与设计过程落实到对应的物质空间，并尝试多元化、有机化并且突破传统业态空间的组合方式，形成多种多样的公共生活需求网

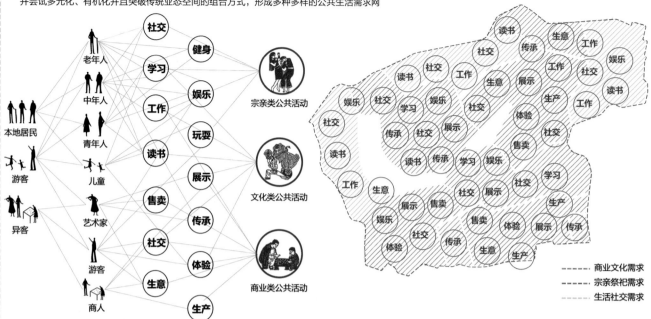

---

### 布置活动节点

- ● 本地人活动节点
- ● 商人、艺术家活动节点
- ○ 游客活动节点

### 植入公共服务设施

- □ 社区公共活动中心
- □ 客家文化商业服务设施
- □ 客家文化宣传设施
- ■ 拆除建筑
- ■ 客家宗祠
- ---- 社区边界线

### 设计公共活动空间

| 点状空间 | 线状空间 | 面状空间 |
|---|---|---|
| 1. 流动商贩点<br>2. 咖啡吧、书吧<br>3. 工艺手工坊<br>4. 匠人体验作坊<br>5. 井盖涂鸦点 | 1. 客家剧院展示<br>2. 客家民宿<br>3. 手工艺展示<br>4. 露天餐馆<br>5. 流动商贩街 | 1. 菜市场<br>2. 客家博物馆<br>3. 工匠艺术馆<br>4. 客家祠堂<br>5. 社区中心 |

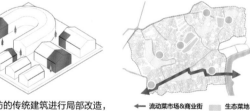

对攀桂坊的传统建筑进行局部改造，使传统建筑保持其风貌的同时获得新的功能，吸引新的使用者与参观者，从而使传统建筑与攀桂坊同时获得新生。

← 流动菜市场&商业街　■ 生态菜地
● 健身康体设施安置点

### 优化活动网络

现状居民的公共活动主要聚集在自家的老屋中，私密性与独立性高，街道很少具备公共交往的功能，降低了攀桂坊活力。

规划后攀桂坊被赋予了新的功能，攀桂坊中的人群除了居民，还新增了游客以及商人、艺术家等外来人口，人口的多元化带动了攀桂坊的活力转化、扩散。

现状：地、文、业、人四脉支离破碎

### 梳理目标 断城续脉

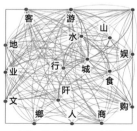

未来：地、文、业、人四脉相互联结，形成整体

城脉游乡
断续回客
历史城区保护与更新规划
广东省梅州市

江和洲　张航星
林晓云　蔡佳琪　邵麟惠
指导教师　王量量
厦门大学　城市规划系

## ■ 攀桂坊–方案生成

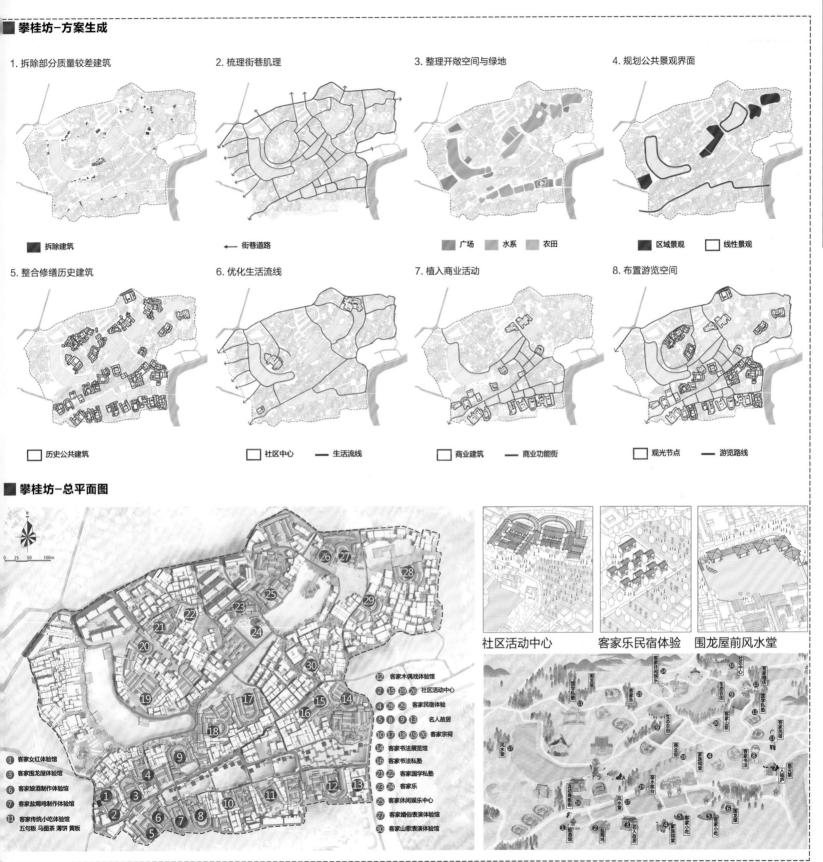

1. 拆除部分质量较差建筑

■ 拆除建筑

2. 梳理街巷肌理

← 街巷道路

3. 整理开敞空间与绿地

■ 广场　水系　农田

4. 规划公共景观界面

■ 区域景观　□ 线性景观

5. 整合修缮历史建筑

□ 历史公共建筑

6. 优化生活流线

□ 社区中心　— 生活流线

7. 植入商业活动

□ 商业建筑　— 商业功能街

8. 布置游览空间

□ 观光节点　— 游览路线

## ■ 攀桂坊–总平面图

① 客家女红体验馆
③ 客家围龙屋体验馆
⑥ 客家娘酒制作体验馆
⑦ 客家盐焗鸡制作体验馆
⑪ 客家传统小吃体验馆
　五句板 马图茶 薄饼 黄板

⑫ 客家木偶戏体验馆
② ⑮ ⑲ ㉖ 社区活动中心
④ ㉘ ㉙ 客家民宿体验
⑤ ⑧ ⑨ ⑬ 名人故居
⑩ ⑰ ⑱ ⑲ ⑳ 客家宗祠
⑭ 客家书法展览馆
⑯ 客家书法私塾
㉑ ㉒ 客家国学私塾
㉓ ㉔ 客家乐
㉕ 客家休闲娱乐中心
㉗ 客家婚俗表演体验馆
㉚ 客家山歌表演体验馆

社区活动中心　　客家乐民宿体验　　围龙屋前风水堂

## ■ 凌风东西路-总平面图

**主要经济技术指标**

规划用地面积：20.4万平方米　　建筑面积：49.0万平方米　　改造建筑：4.4万平方米
建筑密度：60%　　　　　　　　容积率：2.4　　　　　　　绿地率：15%

N

0　25　50　　　100m

**图例**

| ① 老年活动中心 | ④ 社区公园 | ⑦ 京兆堂 | ⑩ 社区公园 | ⑬ 社区活动广场 | ⑯ 客家手工展销中心 | ⑲ 客侨特色主题民宿 | ㉒ 客侨发展基金会 |
| ② 社区活动广场 | ⑤ 社区活动中心 | ⑧ 梅州学宫 | ⑪ 茶馆 | ⑭ 老幼互助中心 | ⑰ 青年创业基地 | ⑳ 太史第 | ㉓ 社区活动广场 |
| ③ 托老院 | ⑥ 黄氏祖祠 | ⑨ 学宫广场 | ⑫ 老年活动中心 | ⑮ 客家手工作坊 | ⑱ 创客工场 | ㉑ 客侨博物馆 | ㉔ 八角亭 |

## ■ 节点设计图　　　■ 凌风东西路-效果图

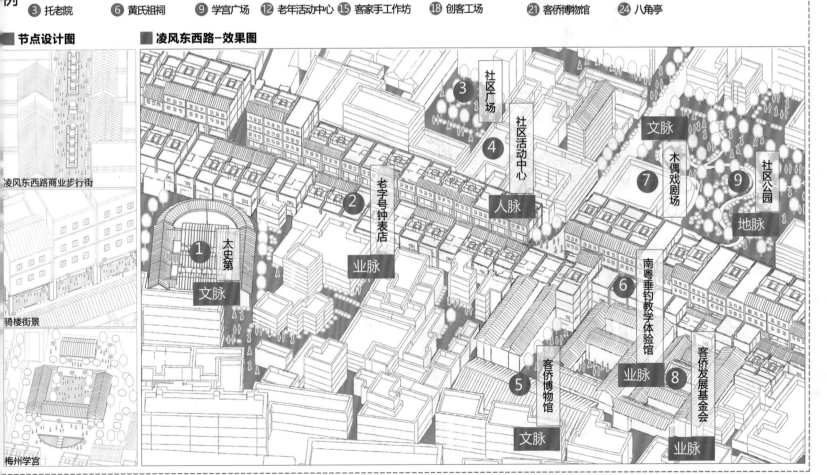

凌风东西路商业步行街

骑楼街景

梅州学宫

西南交通大学
Southwest Jiaotong University

于瑞婷　　贾子璇　　　尹雪梅　　　曹双全　　　李绪刚

## 李绪刚

五年规划求学之路结束之际，庆幸自己参加了六校联合毕设。这次毕设是终点也是起点，认识了有趣的人，完成了有趣的作品，觉得这一行要用一辈子去学习和提升。享受这个过程，同时注意保养身体，工作是为了更好的生活。记得自己在一艘船上的同时，不忘记自己还在一条美丽的河上。

## 曹双全

感谢能有机会参加此次六校联合毕设，是终点，亦是开始，更是自己对五年规划学习的回顾，回顾自己的所学所感，也能了解自己的缺失不足，在我看来规划是无休止学习的过程，也希望自己能享受这个过程。我想无论过了多久，当我回想起这大学五年，回想起此次联合毕设，我都会忻悦地描述那时，那天，那人，心怀感激。最后，愿我们都能付出甘之如饴，所得归于欢喜。走出校园，归来仍是少年。

## 贾子璇

感谢六校联合毕业设计的平台让我们认识新的城市和有趣的人，感谢赵老师和同学们的帮助，这次活动为五年的成长做出了圆满的总结。每一次的设计，都是一次观察人和观察世界的机会，也是一次创造和表达自己的机会。希望以后的人生中，能够保持毕设中发挥的热情与初心。

## 于瑞婷

毕设中赵炜老师的指导以及同学们的相互扶持让人心怀感激。梅州的古城调研，昆明的头脑风暴，成都的答辩聚会，也让人记忆深刻。感谢南粤杯六校联合毕业设计，让我对城乡规划的理论实践有了新的认识与理解，在以后的学习中希望自己不忘初心，砥砺前行。

## 尹雪梅

五年时光转瞬即逝，这次毕业设计是终点也是起点。认识了有趣的人，完成了有趣的作品。感谢赵老师的不断鼓励，感谢队友们的互帮互助。尽力做事，用心做自己。站在这里面向未来，与过去的时光告别，向未来的自己招手。愿不忘初心，方得始终！

# 客情家述

## 广东省梅州市历史城区
## 保护与更新规划

指导教师：赵炜
作　　者：李绪刚　曹双全　贾子璇
　　　　　于瑞婷　尹雪梅
学　　校：西南交通大学

## 技术路线

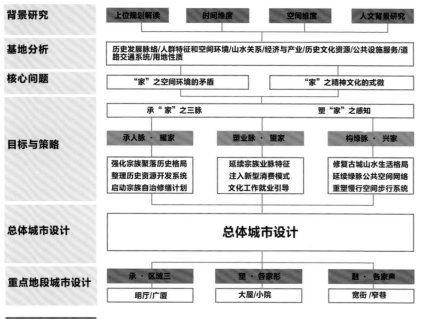

| | |
|---|---|
| 背景研究 | 上位规划解读　时间维度　空间维度　人文背景研究 |
| 基地分析 | 历史发展脉络/人群特征和空间环境/山水关系/经济与产业/历史文化资源/公共设施服务/道路交通系统/用地性质 |
| 核心问题 | "家"之空间环境的矛盾　"家"之精神文化的式微 |
| 目标与策略 | 承"家"之三脉　塑"家"之感知<br>承人脉·耀家　塑业脉·望家　构绿脉·兴家<br>强化宗族聚落历史格局 整理历史资源开发利用 启动宗族自治修缮计划　延续宗族业脉特征 注入新型消费模式 文化工作就业引导　修复古城山水生活格局 延续绿脉公共空间网络 重塑慢活空间步行系统 |
| 总体城市设计 | 总体城市设计 |
| 重点地段城市设计 | 承·区域三　塑·各家形　融·各家声<br>明厅/广厦　大屋/小院　宽街/窄巷 |

## 区域定位

## 设计说明

本设计从梅州客家历史"家族"脉络为出发点，追溯了梅州客家人五次迁徙后出现的五种家的形态。并对应到空间中，形成"屋、院、街、巷、厅、厦"六种空间要素。

在区域层面，将梅州家的营造维系对应到"人脉、绿脉、业脉"三条脉络中，分别从溯古到观今，找到修补梅州家的策略与方法。

在城市设计层面，分别对中山路片区中几种家的形态空间进行划分，将六种空间要素进行合理改造，尽可能合理布置公共活动空间，以营造出"大屋小院、宽街窄巷、明厅广厦"的最终愿景。

## 地理区位

梅州市历史城区地处梅州市梅江区中心区域，位于北纬24°29′～24°32′东经116°10′～115°13′。
本次规划范围即2017年10月省政府批复的《梅州市城市总体规划（2015-2030）》中梅州历史城区范围，北至广梅三路、梅州大道、公园路、侨新路、岗子上路北侧，南至梅兴路、金利来大街、梅江，西至广梅路东至东山大道（包含东山书院、崇文堂），面积为2.64平方千米。

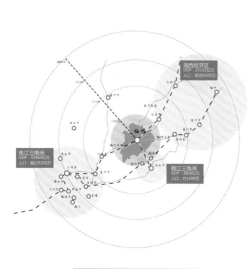

| 世界客都，宜居家园（总规定位） | |
|---|---|
| 文化特色旅游区 | 新型绿色工业园 |
| 世界客都服务中心 | 精致高效农业基地 |

| 服务核心，旅游原点 | |
|---|---|
| 综合服务中心 | 旅游集散中心 |
| 客都服务中心 | 文创科教中心 |

| 人文秀区，文旅地标 | |
|---|---|
| 特色商贸服务区 | 文化旅游核心区 |
| 文创休闲科教区 | 慢活生态居住区 |

## 历史城区家之成长

首度南下　三次南迁　四次南迁　五次南迁

**家之伊始** **家之扩散** **家之成熟** **家之再兴** **家之式微** **家之重创** **家之重拾**

南宋至明朝
粤东北成为客家聚
集的重心，梅州是
客家人主落脚点

清朝

鸦片战争
太平天国运动，契约
华工事件影响，主动
向海外发展

民国时期
客家大本营人丁兴旺、
经济发达，梅州成为
客家人文中心

1949年初、1966年
客家宗族社会的文化
与物质基础受重创

盖房热淹没旧物质
遗产，族居模式瓦
解，多元人群入驻

现今
对外开放，外地侨胞
寻根问祖兴利除弊，
宗族社会部分恢复

## 历史城区家之溯古

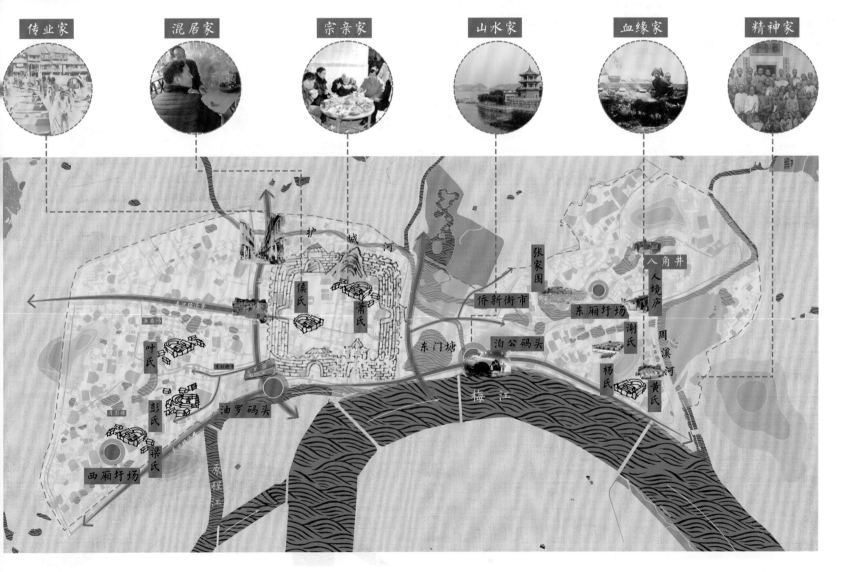

传业家　混居家　宗亲家　山水家　血缘家　精神家

护城河　张家围　侨新街市　东厢圩场　八角井　人境庐
侯氏　萧氏　泊公码头　谢氏　周溪河　黄氏
叶氏　东门塘　杨氏
彭氏　梅江
梁氏　油罗码头
西厢圩场　程江

## 策略框架

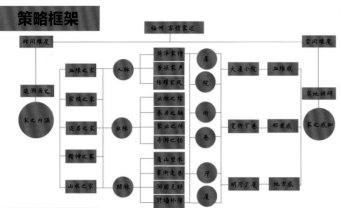

梅州 家情家迁

时间维度　　　　　　　　　　　空间维度

追溯历史　血缘之家　人脉　前溯家情　屋院　大屋小院　血缘戚
　　　　　宗族之家　　　寻根家声　街巷　宽街窄巷　邻里戚
　　　　　迁居之家　业脉　传耀家风　　　业脉之修　　　
家之内涵　精神之家　　　奉居之融　厅屋　明刑宽厦　地方感
　　　　　山水之家　綵脉　家业之融　　　家之感知
　　　　　　　　　　　寻源之扬
　　　　　　　　　　　青山緑水　
　　　　　　　　　　　穿街走巷
　　　　　　　　　　　湖园见绿
　　　　　　　　　　　防墙补隙

## 宗族文化线路

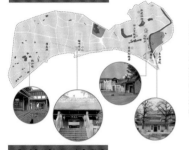

**梁家祖祠**
梁家更与梅州黄遵宪家族以及其所在的攀桂坊黄家之间开始频频通婚，梅城两大书香之家由此被人称为"上市梁，下市黄"。

**学宫**
客家人根在河洛，当先民们南迁到一个比较理想的生息之地梅州之后，把中原崇文尚儒、重视教育之风气也带到了梅州，把上学求知、教化子女视为客家人的头等大事。由北宋知州滕元发在梅州城西片区创办梅州学宫，内设文庙和明伦堂教授生徒，其时被视为当地最高学府。

## 宗族发展计划

基础设施　　宗族
寻根游旅　　华侨
政府引导　公益慈善　环境人居
相互交流合作　　　文化发展
改善环境　经济发展　经济文化
自我优势　活动策划

## 宗族管理机制

负责人　　　族内事务
新的宗族社会　推选产生理事会　管理事务　联络华侨
　　　　　　理屋管理　　　联络本地与其他组织
　　　　　　　　　　　经济活动

自设同族祖祠
政府协助设立姓氏宗祠
跨省市宗族联系网
以地域为组织的社团
以社区为组织的社团
以商业为组织的社团
以工作为组织的社团
各宗族组织攀办的家宗会

## 人脉溯古

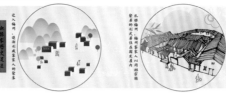

## 宗族聚居布局图

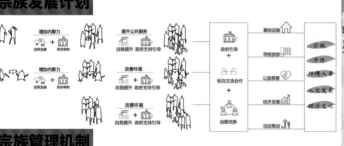

城东张家围是保留较好的典型宗族聚落结构，其祖祠肩一祖堂围绕月牙水塘依势而建，随着宗族内人口逐渐扩张，宗族后代紧挨祖堂扩建，形成张家围

部分姓氏宗族以历史风貌点为根基逐渐成长，由于大觉寺地势较高，许多姓氏以大觉寺为中心，沿周边道路形成宗族组团

老城区内常见的宗族聚居形式为不同姓氏的宗族聚居，由于城内空间有限，因此出现姓氏后代离开古城发展而宗祠留在城内的形式

城东宗族布局结构出现三两姓氏交叉聚居形成组团的形式，宗族组团起源于历史地形特点，随着用地的扩张与家族的发展，几个姓氏的宗族也围绕一个公共中心共同成长

## 历史资源分布图

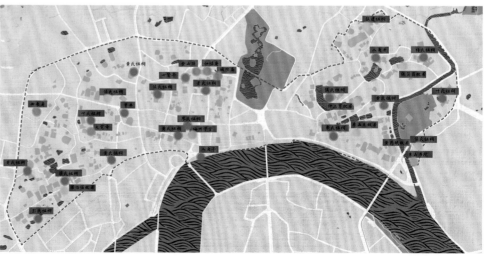

## 宗族自治评价

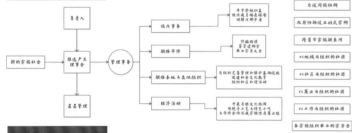

|  | 张氏 | 叶氏 | 罗氏 | 黄氏 | 李氏 | 黄氏 | 谢氏 | 梁氏 | 韦氏 | 彭氏 | 梁氏 | 熊氏 |
|---|---|---|---|---|---|---|---|---|---|---|---|---|
| 宗族溯源 | 张家圃十世开基祖一弘公，后成祖号一弘公字庙声，后世祖祠据左右拓展，名张家围。 | 梅州叶氏始祖为广东梅州地区始祖大经（公）的罗姓，都是岭山公后裔，字伯昌，后世江西章罗氏以梅州为中心的分支。 | 广东梅州黄氏均为梅州黄公，进士及第，梅城黄氏扬播梅旬园八届，富于梅州水。 | 梅州黄氏始祖组堂位于中山梅孔子庙祠各具黄氏的总祖祠祖基地范围之外 | 梅州李氏始祖李公，位于金山顶黄公名人故居 | 梅州黄氏始祖位于攀桂坊名人故居 | 申伯二十八世梅州黄氏祖祠的誉号"安定"均以黄公为祖居地 | 梅州杨氏杨均位于攀桂坊名人故居 | 先火德公，名病氏，宋朝人，视为广东梁姓祖 | 彭姓梅州因被征梅州迁的开梅州熊氏多命为湖州制梁泰彭仲远分布于再梅城老城迹风东西区 | 梅州彭氏宗会全国远分布于金山顶片区，有人居住 | 熊氏宗族迁梅州制各个区县，目前城区约有8000人。 |
| 祖堂情况 | 房一祖堂位于梅州市老城区内，有古人居住及管理。 | 叶氏祖祠位于梅州市老城内孔子庙祠各具黄氏附近。 | 组堂位于中山梅孔子庙祠各具黄氏的总祖祠基地范围之外 | 位于金山顶黄公名人故居 | 位于攀桂坊名人故居 | 位于红色片区，已修缮良好，有人居住，存良好。 | 位于红色片区，已修缮良好，有人居住，有人居住。 | 位于红色片区，有人居住及管理滨波东西区，理 | 位于金山顶片区，有人居住，但无修缮。 | 位于金山顶黄公祠，有人居住。 | 位于金山顶黄公祠 | 位于金山涂片 |
| 宗亲组织 | 张氏宗亲联谊会成立于2005年，至今仍然活跃 | 梅州叶氏宗亲联谊会成立于2009年 | 罗氏宗亲联谊会推动成立梅州江夏文化研究会梅州廖氏宗亲联谊会 | 未成立联谊会 | 萧氏梅轩公宗亲联谊会于2002年成立宗会 | 未成立联谊会 | 谢氏宗亲理事会 | 广东梅州梁氏宗亲联谊会梅州南门李氏宗会 | 广东梅州彭氏宗会 | 彭氏宗亲联谊会 | 梁氏宗亲联谊会教育基金会 | 熊氏宗亲宗会 |
| 开展活动 | 祭祖活动宗亲大会服务梅州联谊公益事业 | 祭祖活动联系省外宗亲修缮祠堂 | 祭祖活动 | 组织活动宗亲大会修缮祠堂 | 祭祖活动修缮祠堂 | 祭祖活动修缮族谱 | 宗亲祭祀活动宗亲交流任务修缮祠堂 | 修谱活动小规模活动 | 祭祖活动 | 祭祖活动宗亲交流公益事业 | 祭祖活动公益事业 | 祭祖活动宗亲互助 |
| 组织能力 | 有组织凝聚力强人口数量多 | 有组织凝聚力较强人口数多 | 无有力组织凝聚力差有外来组织力量 | 组织力强凝聚力较强人口多 | 有组织凝聚力较强人口多 | 组织力弱凝聚力一般人口多 | 组织力一般凝聚力一般人口少 | 组织力弱凝聚力一般人口少 | 有组织凝聚力较强人口少 | 组织力较强凝聚力较强人口数多 | 组织力一般凝聚力一般人口多 | 组织力一般凝聚力一般人口多 |

## 人脉策略

荷泽家情：宗族组团内部建立自治认领修缮计划，完善老城基础设施建设。
芳振家声：尊重并复原梅州老城宗族历史格局，维护宗族组团结构，恢复宗族传统聚落形态。
传耀家风：挖掘老城客家家风历史文化，与各宗族组团联系，形成老城家风展示线。

## 宗族分区规划图

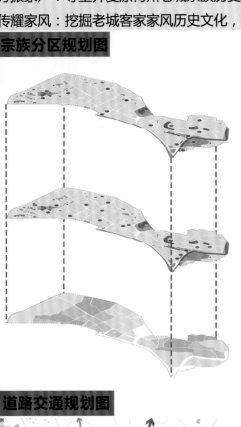

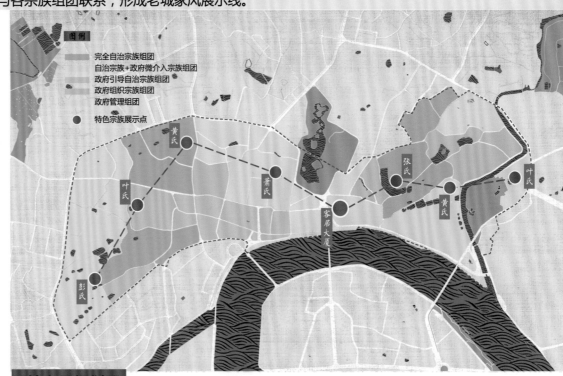

图例
- 完全自治宗族组团
- 自治宗族+政府微介入宗族组团
- 政府引导自治宗族组团
- 政府组织宗族组团
- 政府管理组团
- 特色宗族展示点

## 道路交通规划图

## 用地布局规划图

## 公服设施规划图

## 功能项目库

| 混居维系 | 主要策略 | 功能构成 | 项目库 |
|---|---|---|---|
| 共同传统生活习惯 + 共同新型消费习惯 | 居之融 → 融入文化 | 休闲游憩 | 社区绿地、生活广场、滨河步道、滨江公园、文化舞台、纪念广场 |
| | | 养生幼托 | 亲情养老、老年大学、养生论坛、幼教培训、儿童乐园、亲子旅游 |
| | | 商业游购 | 传统市井商街、现代休闲商街、特色文化商街、滨江码头商街 |
| 共同工作就业模式 | 业之传 → 传承文化 | 文化展示 | 文化讲堂、文化展览、文艺汇演、民俗展示 |
| | | 文化教育 | 小型社区学社、一公里文化游、民俗技艺培训、民间艺术教育 |
| | | 文化就业 | 文化导师、文化教师、特色餐饮社、手艺作坊、民间艺术坊、文化商品销售 |
| 共同对外经济姿态 | 游之扬 → 激扬文化 | 普通接待 | 商业商务、路边驿站、旅游民居、民宿酒店 |
| | | 农家接待 | 花塘欣赏、劳作体验、自然野趣、村落探险、寻根游线、农家休憩 |
| | | 市井居游 | 客家美食节、工艺品观赏、民居体验、围龙屋旅宿、节庆巡游、客家民俗体验 |

## 发展路径

总体问题：
- 青年流出，老幼留守的人口结构，形成了梅州老城传统慢城居住氛围
- 居民日常工作缺乏引导，就业分配不均，集聚式"商流就业"低效益
- 对外文化性旅游，未立足于内部生活就业形成的良好文化氛围基础上

↓ 归根结底

根性矛盾：维系混居之家的"居业游"三种经济缺乏耦合

发展路径：
- 合理的空间落位关系
- 居业游融合模式

实施方法：
- 叠加分析，归纳空间特质建立功能与空间特质耦合
- 文化对内输入于居住就业，对外输出于旅游经济

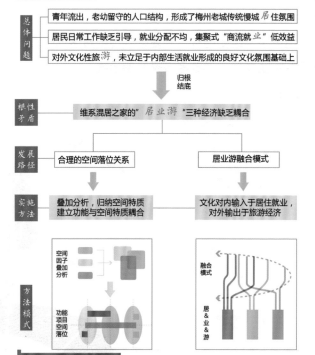

方法模式

## 融合发展模式

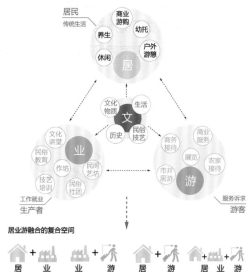

居业游融合的复合空间

| 居+业 | 业+游 | 居+游 | 居+业+游 |
|---|---|---|---|
| 民间艺术坊 手工艺作坊 | 市井商街 民俗社团 文化展览 民间艺术坊 | 市井商街 农家体验 养生休闲 | 文化商街 农家体验 |

## 空间叠加分析

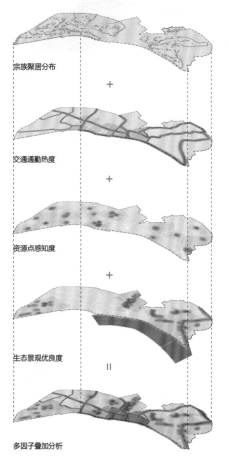

宗族聚居分布
+
交通通勤热度
+
资源点感知度
+
生态景观优良度
=
多因子叠加分析

## 空间特质分区

规划以宗族聚落、交通通勤、资源感知、生态景观分布情况，作为空间特质分区的基本依据，划分出5类空间：
1. 内聚生活区——传统慢型生活气息，以金山顶和中山街为核心，进行相关宗教仪式和平民化商业活动；
2. 关口市井区——继承宗族之家关口经济，以油罗街为核心，包括市井商业，民俗技艺等；
3. 开放门户区——旧时梅江码头，以现代面貌呈现，文化公园为吸引，包括现代商业商务和城市公共服务；
4. 幽邃山水区——良好生态基底条件和耕读文化氛围，以大型宗祠点，客家公园，文教性历史资源为特色；
5. 静谧田园区——旧时十甲尾的田耕贩卖经济，一直被居民延续至今，佛教禅宗文化影响下，静谧的生活；
6. 开敞绿地区——社区绿地，口袋公园，大型公园绿地，滨河滨江绿岸为主，大绿小绿落于城盘。

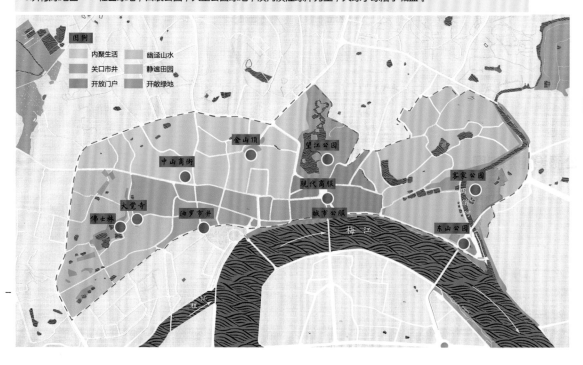

图例
- 内聚生活
- 关口市井
- 开放门户
- 幽邃山水
- 静谧田园
- 开敞绿地

金山顶　望江公园　中山商街　现代商服　客家公园　大觉寺　油罗市井　城市公服　佛士林　东山公园　梅江

132

## 养居之融

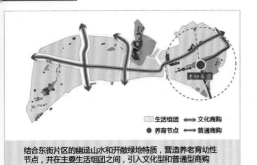

结合东街片区的幽逐山水和开敞绿地特质，营造养老育幼性节点，并在主要生活组团之间，引入文化型和普通型商购

## 家业之传

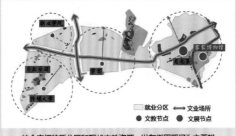

结合空间特质分区和现状文教资源，以东街周溪河为主要耕读文教和文化展示区，并植入线性文化就业场所

## 寻游之扬

结合静谧田园和开放门户区，植入农家接待和门户接待区，沿中山油罗街作为市井居游区，最终串联多个城市节点形成形象展示带

## 结构构思

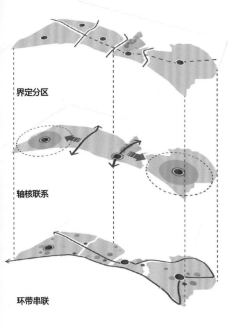

界定分区

轴核联系

环带串联

**【五区】**
依据交通干路和生活联系从西至东，依次划分出：月影塘片区，三角塘片区古城片区，望江片区，周溪片区五大片区

**【两轴】**
中山路—联系老城与西街，梅江路—联系老城与东街；

**【三核】**
【东街集群发展核】：
以养老育幼服务，耕读文教山水游憩，文化展示为主；
【西街集群发展核】：
以市井民俗体验和农家体验为主
【中部门户服务核】：
包括现代商业商务，公共服务

**【一带】**
呼应宗族之家业脉经济带以梅兴路，江边路，周溪河沿岗子上路，东门塘路，仲元路城西大道，有效串联轴核点，作为老城地区集中风貌展示带

## 项目空间分布图

根据经济发展结构，确定弹性化的功能项目空间落位地点；
主要包括包含三个发展核心区：
（1）西街集群发展核：规划以田园农家接待、大觉寺市井民俗体验、月影公园休闲游憩；
（2）东街集群发展核：规划以山水游憩、养老育幼、耕读文化教育、客家文化展示博览；
（3）中部门户发展核：规划保留原有大型城市级公共服务设施，现代商业商务服务设施。

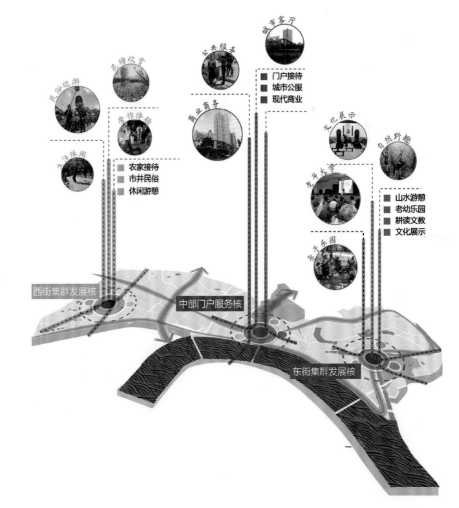

## 经济发展结构图

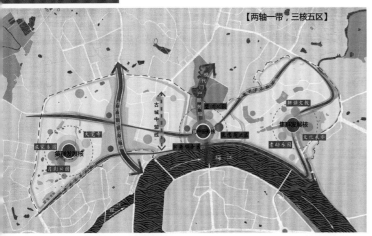

【两轴一带，三核五区】

## 绿脉溯古

支流

梅江

清嘉應水系

古程江

古梅江

古周溪

### 生活用水

**日常飲用**

早期著民傍水而居，生活水源以程江周溪为主；后客家不断迁入，宗族罗布，始兴建水井饮水。

**民俗文化**

客家人具有丰富的水上民俗，如春祭，或宗教仪式会在水上举行。

**防御防洪**

自1032年筑土城，曾历多次梅江水患崩城，乃修筑砖城墙，形成古城雏形，于1735始挖城壕。

### 生產用水

**農耕灌溉**

客家人早期的农耕活动依靠梅江取水灌溉

**碼頭商運**

早期梅江航运发达，在油罗码头形成商旅集散地进而发展了中山路的集市。

**文化敎育**

城东攀桂坊沿周溪河有多所书院学校，春游踏青，西边讲学，文风渐盛。

图例
- 现存河流
- 消失河流
- 现存水塘
- 消失水塘
- 古井

## 修墙补隙

围墙控制：通过对围墙的形式及设置方式进行引导，营造通透丰富的绿色街道，在山水之家的意境中统一于客家传统建筑风貌。

消极空间修补：整理基地内不适于人活动的空间，布置微地形，植物，水，家具等各项要素修补消极空间为浓郁客家特点的街道景观。

## 穿街走巷

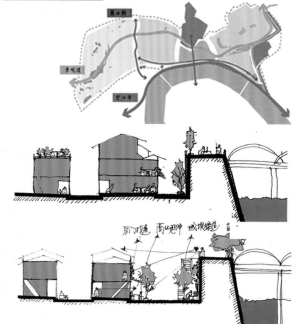

基地内客家生活性街道，组织居民进行绿化建设，围墙垂直绿化、街巷绿地。退界区域地面绿化、盆栽，立面绿化等方式相结合，增加街道的绿化量。

基地内文化设施或现代小区的围墙采用运用浮雕，花窗等客家传统装饰方法，选用自然石，木质等乡土材料，与区域整体的客家风貌相协调。

基地内文化，体育，商业等公共设施避免设置隔离视线的封闭性围墙，可用绿化，栏杆等软隔离手段。

通过拆除违建危房，基地内工业建筑，对基地内影响人们活动的消极空间进行景观改造。

整理路边乱停车的空地等设计街头公园和景观带。

对基地内老旧街道进行灯光和夜景照明，为人们夜晚漫游客家传统街区提供安全和便捷。

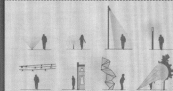

## 看山望水

望江 /梅江滨江路

现状情况：滨江路原为仿骑楼式商街，道路与江边相隔建筑，阻挡望江视线交流，形成单调呆板的临江界面。

引导方案：将临江一侧两层商住建筑拆除，营造木质滨江绿道以及自行车道的慢行空间，实现客家人与梅江相望相依相亲。

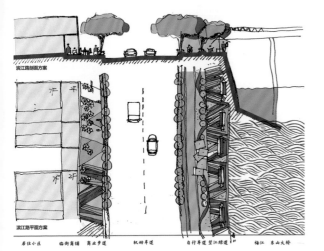

梅江滨河路绿道引导方案

## 游园见绿

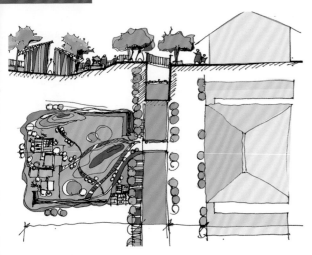

护城河修复公园引导方案

城南梅江堤坝线性公园引导方案

## 绿脉结构图

## 慢行系统规划图

## 绿地系统规划图

图例
- 城市公园
- 滨江绿道
- 街头公园
- 农林绿地
- 水体

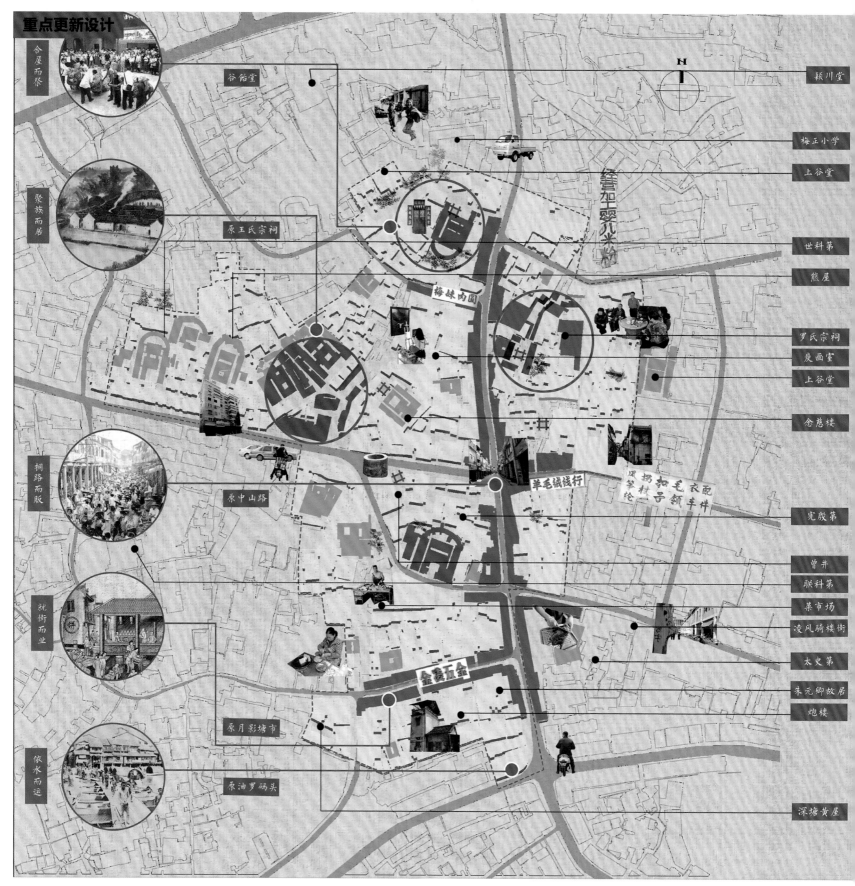

重点更新设计

合屋而祭

聚族而居

拥路而贩

就街而业

依水而运

谷饴堂

原王氏宗祠

原中山路

原月影塘市

原油罗码头

梅妹肉圆

羊毛绒线行

经营加工婴儿头

金装五金

颖川堂

梅正小学

上谷堂

世科第

熊屋

罗氏宗祠

炭画室

上谷堂

念慈楼

宪殿第

曾井

联科第

菜市场

凌风骑楼街

太史第

朱元卿故居

炮楼

深塘黄屋

136

## 基础分析

建筑功能图

建筑风貌图

建筑结构图

用地权属图

图例
- 工业建筑
- 公共服务建筑
- 商业建筑
- 商住混合建筑
- 居住建筑

图例
- 古民居
- 骑楼
- 一般民居
- 现代建筑

图例
- 土木结构
- 砖木结构
- 砖混结构

图例
- 已批已建（私人）
- 已批已建（单位）

建筑高度图

建筑质量图

建筑年代图

建筑保护更新图

图例
- 低层建筑（1-3层）
- 多层建筑(4-6层)
- 中高层建筑（7-9层）

图例
- A类建筑
- B类建筑
- C类建筑
- D类建筑

图例
- 明代时期
- 清代时期
- 民国时期
- 建国以后

图例
- 保留建筑
- 拆除建筑
- 改造建筑
- 新建建筑

## 历史沿革

| 【南宋—民国初】 | 【民国中期—1949年前】 | 【1949年—改革开放】 | 【改革开放—90年代末】 | 【21世纪初—如今】 | 【未来】…… |
|---|---|---|---|---|---|
| （公元1270年—1912年） | （公元1927年—1946年） | （公元1949年—1978年） | （公元1978年—1999年） | （公元2000年—2018年） | |

**因屋而起**

古梅州城整体空间为一城两厢的格局；客家人城口西厢聚居形成了宗族之家 居民以传统农业手工业为生产方式，依靠马路形成城乡供给

**因贤而生**

民国纪念孙中山辛亥革命，梅城古城拆除城墙，向西厢地区扩张；中山路因地理区位优势，承担了主要交通运输职能；周边出现马路经济带产生关口商业但仍然冰冷无人气

**因埠而生**

梅州古城因江而兴，对外联系发展油罗码头的开埠使中山路沿路聚了大量市井生活商业百货，盐商口岸，米市油巷，宗族店产 对外开放，南洋骑楼建筑进入，以月影塘为典型，形成了前店后院下铺上库的混居之家

**因政式微**

改革开放的经济建设需求，政府自上而下将中山路职能转变为商贸批发的物流中转站；原有宗族店产经营模式瓦解，本地人外出谋业，街被远离

**因乱而衰**

建房热背景下，空间建设无序填充，屋被湮没楼海，院巷压迫，码头集市厅厦空间消亡，家之生活格局被破坏；中山路与周围生活区产生了隔离，如一堵围墙，人过而不留

家之再兴

宗族之家

居业氛围？

混居之家

市井格局？

空间环境？

# 家的氛围

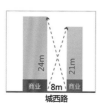

**街**

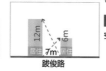

城西路 — 24m / 21m / 8m / 商业 商业

骑楼段 — 6m / 6m / 8m / 商业 商业

跃俊路 — 12m / 6m / 7m / 居住 居住

特征：沿街多底商，多为低层；

D/H<1，骑楼段>1

空间：多数交通通勤用混乱压抑 界面尺度不佳

**巷**

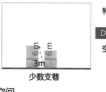

局部主巷入口 — 14m / 11m / 4m / 商业 商业

多数支巷 — 9m / 6m / 2m / 居住 居住

少数支巷 — 6m / 6m / 3m / 居住 居住

特征：沿巷多为居住低层为主；

D<3.5m，D/H<1

空间：生活使用为主 界面层次不齐 尺度狭窄压抑

**院**

| 大型院 | 尺度略大，以多栋建筑以及院墙围合的庭院 | |
| 小型院 | 院落尺度基本相似，以建筑和院墙围合 | |
| 公建型 | 以新建建筑为主，形态多为不规则形 | |

**公共空间**

开敞　半开敞　半封闭　封闭

**社区形式**

行列　围合　混合　周边

## 空间

新 &

居 &

围 &

老 &
业 &
空 &

## 人群

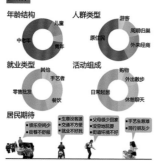

年龄结构：儿童 / 中老年 / 青年

人群类型：游客 / 周期归巢 / 原住民 / 外来经商

就业类型：其他 / 手艺者 / 零售批发 / 餐饮

活动组成：购物 / 外出散步 / 日常起居 / 休憩聊天

居民期待：
- 娱乐空间少
- 街巷不好找
- 生意没客源
- 交通不方便
- 就业不好找
- 父母很少回家
- 没空地玩耍
- 街道环境不好
- 手艺难生意
- 同行朋友少

## 文化

集市厅 / 码头 / 客祖屋归巢 / 手艺 / 巷 / 街 / 颐养 / 乡贤故居屋 / 客食堂 / 夏 / 节次民艺

---

# SWOT分析

## S 优势分析

1）地理位置优越，对外交通便利：横跨城西大道，西接老城和西街片区之间，北邻粤港客运总站，西通剑英大桥，东达梅江区政府

2）历史底蕴深厚，遗存多样，记忆丰富，有多种类型历史民居和民俗工艺；

3）区域级商贸设施支撑，商业价值丰厚，带来强大的人流

## W 劣势分析

1）聚居点呈现破碎化的空间肌理特征，现状历史建筑湮没楼海之中

2）建设密度过高，风貌维护不佳，建筑质量层次不齐

3）公共空间质差量少，步行空间压抑，空间环境体验较为压抑单调

4）业态单一化，对各类人群吸引力不足，导致居民纷纷外出谋生，出现人群空心化现象

## O 机遇分析

1）老城区更新浪潮给中山路带来了新的建设机遇，成为双修重点之一

2）基地周围文教资源丰富，存在将文化性就业与文教结合的机遇

3）客家人生活态度开放包容，性格外向开朗，基地改造居民配合程度高

4）作为较高的战略定位，定义为市井居游传统轴，融合生活就业和少量对外展示的功能

## T 挑战分析

1）如何平衡空间改造程度和基地原真性生活氛围的尊重

2）如何平衡基地多元混居的人群利益，以及商业喧嚣干扰慢性生活的矛盾

3）如何在转变单一化经济模式，带动人群就业，吸引外流人群回巢

4）如何形成内生适应性的家之生活格局，成为彰显传承并发扬家之文化内涵

---

# 家之聚落生成

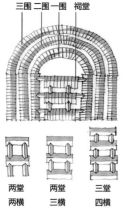

三围 二围 一围 祠堂

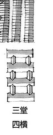

两堂 两横 / 两堂 三横 / 三堂 四横

**早期：封闭式**

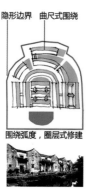

隐形边界 / 曲尺式围绕

围绕弧度，圈层式修建

走马楼形式 — 一字型

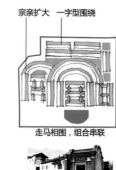

宗亲扩大 / 一字型围绕

走马相围，组合串联

曲尺形 / 凹字形 / 组合

竖向组合围绕

纵向流线，直楼延伸

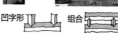

**中后期：向开放型转变**

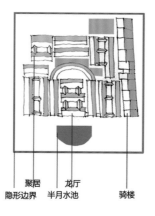

聚居 / 龙厅 / 骑楼
隐形边界 / 半月水池

**近代：中西合璧**

围龙屋大多是殿堂式围龙屋的扩展，建屋之初，通常先建祠堂和 横屋，后因子孙繁衍加盖新屋从左右横屋往祠堂后建半环形围屋。

因子孙繁衍增多，在围屋后加盖走马楼，是对全封闭方形土楼的简化与开放，也是同姓宗族的聚居，这与围龙屋半开放的性质相吻合，形成了封闭围屋向半开放转变的聚居方式

民国时期，西方建筑文化传入粤东梅州地区，漂泊海外的客子不忘故土，采用原围屋堂横屋平面。并且修建了骑楼，形成了多种模式融合的新风貌

## 家之隐性边界分析

隐性边界　　冲突建筑　　骑楼

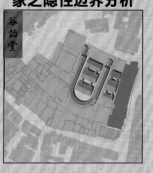
谷詒堂

宪殿第

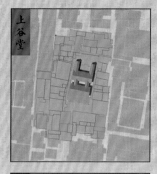
上谷堂

深塘黄屋

上谷堂

豫章堂

颍川堂

熊屋世科第片區

联科第

太史第

通过家之形成演变发展，发现区域中潜在的家之聚居隐形边界以及聚居精神崇拜。与此同时发现聚居中的建筑冲突及其如何破坏了原有的聚居方式从而在设计时可以综合考虑其聚居组团

## 市井格局分析

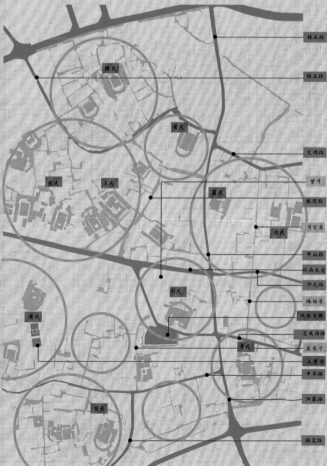

宗族血缘之家聚居生活的场所，客家祭祀的精神崇拜。

围屋而建的走马楼等，也可以为混居之家。

交通性、商业性道路，一般为外向型

生活性步行路，一般为内向型。

区域范围内控制性开敞空间

区域范围内公共服务设施

屋

院

街

巷

厅

凤

## 核心问题

### 问题一　公共环境：量少质差

一方面，空间建设重实轻虚，现状大量建筑出现侵蚀公共空间的现象
另一方面，空间管理疏忽，带来建筑质量、建筑风貌、建筑关系良莠不齐，屋院街巷厅厦的公共空间层级缺乏。

### 问题二　居业氛围：缺乏多样性

人口结构断层，青年人流走导致生活居住缺乏中坚力量，生活体验单调乏味，基地缺乏经济吸引力，多数外来人口在中山路扎堆平民商业，整体呈现居业氛围不足的问题。

### 问题三　聚居方式：混居的冲突

基地空间源起于最初围绕围龙屋形成的传统宗族聚居方式，在混居背景下，外围建筑没有给予尊重态度，与原有宗族之家产生强烈的冲突

经济技术指标

基地总面积：19.91ha

总建筑面积：264800㎡

容积率：　1.33

绿地率：　15.6%

建筑密度：　0.64

0　10　20　　40m

1　谷贻堂　　　　19　油罗码头公园　　36　社区学社

2　上谷堂　　　　20　朱元卿故居　　　37　祭祀聚会

3　豫章堂　　　　21　颍川门厅　　　　38　儿童讲堂

4　熊屋　　　　　22　客属服务公会　　39　巷道商铺

5　王氏祠堂　　　23　乡贤馆　　　　　40　街巷记忆

6　世科第　　　　24　宪殿第　　　　　41　街巷茶楼

7　宪殿第　　　　25　宗祠文化展馆　　42　老街餐食

8　至德堂　　　　26　西街商会　　　　10　深塘黄屋

9　上谷堂　　　　27　西街善缘会

11　生活庭院　　　28　手工作坊

12　仪式公园　　　29　特色餐饮街

13　街头集市　　　30　宗亲接待会

14　节庆聚合公园　31　曲艺工作坊

15　宗祠祭拜　　　32　社区茶楼

16　围屋内院　　　33　庭堂接待会

17　曾井公园　　　34　老酒城

18　街头绿地　　　35　社区商铺

140

# 规划结构

**规划结构图**

- 家之聚落
- 家之庁厦
- 次要轴线
- 主要轴线

**隐性聚居边界图**

- 家之核心
- 家之组成
- 家之范围
- 家之心灵界限

**功能分区图**

- 宗族之家
- 骑楼之家
- 混居之家
- 精神之家

**路径结构图**

- 车行系统
- 一级步行系统
- 二级步行系统
- 三级步行系统

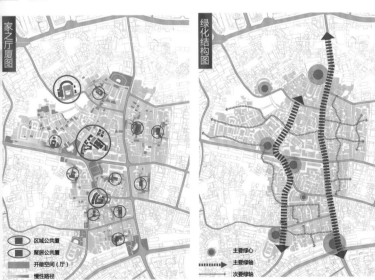

**家之厅厦图** / **绿化结构图**

- 区域公共厦
- 聚居公共厦
- 开放空间（厅）
- 慢性路径

- 主要绿心
- 主要绿轴
- 次要绿轴

# 功能策略

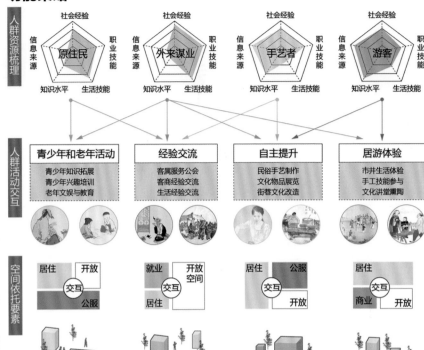

**人群资源梳理**

原住民 / 外来谋业 / 手艺者 / 游客
（社会经验、信息来源、职业技能、知识水平、生活技能）

**人群活动交互**

| 青少年和老年活动 | 经验交流 | 自主提升 | 居游体验 |
| --- | --- | --- | --- |
| 青少年知识拓展<br>青少年兴趣培训<br>老年文娱与教育 | 客属服务公会<br>客商经验交流<br>生活经验交流 | 民俗手艺制作<br>文化物品展览<br>街巷文化改造 | 市井生活体验<br>手工技能参与<br>文化讲堂熏陶 |

**空间依托要素**

居住/开放/交互/公服 — 学习游乐、照看区域
就业/开放空间/交互/居住 — 室内服务、室外交流
居住/公服/交互/开放 — 相关设施、室内场所
居住/商业/交互/开放 — 室外体验、相关设施

**功能性质**

| 居住&参观 | 居住&就业 | 居住&游览&交流 | 居住&就业&游乐 | 游乐&集会&服务 |
| --- | --- | --- | --- | --- |
| 私密&半公共 | 私密&半公共 | 私密&半公共 | 半公共&公共开放 | 公共开放 |

**市井格局**

屋 / 院 / 巷 / 巷 / 厅&厦

# 功能流线

**谷诒堂文化**

屋中生活院　善缘会　老街茶馆　曲艺社　街头集市　民俗客栈　宗祠文化　巡游祭祀公园

**宪殿堂生活**

宪殿堂　月池公园　巷口商铺　骑楼风情　故居风情　油罗马头公园

通过对不同区域的流线分功能能进行组织，从而对不同聚居的人群提供了联系的路径，同时也可以组织内部生活的场所。

141

## 空间策略

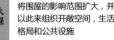

大屋 将围屋的影响范围扩大，并以此来组织开敞空间，生活格局和公共设施

小院 将院分为屋中院，巷中院和街中院，前者为内向型生活院落，后两者为外向型休闲院落以此来组织生活格局

宽街 将以中山路为首的街道的影响范围扩大，以此来解决历史遗留下来的界面封闭等问题。

窄巷 明确巷子的功能，以内向性生活型为主，串联家之组团脉络，形成体系。

明厅 梳理区域内缺失的控制性开敞空间，分为内厅外厅分别作为公共性和聚居型空间。

广厦 做为区域内公共服务设施和标志性开敞空间。

## 空间要素

屋

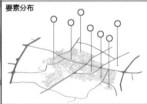

厅

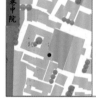

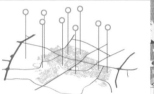

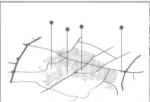

院

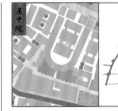

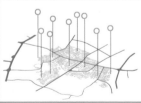

巷

生活广场　　洗衣聊天　　露天茶馆　　文化记忆　　老作坊　　　　核心崇拜　休闲井广场

井

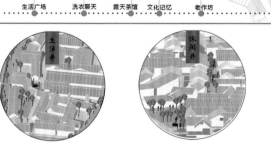

142

# 功能要素

**寻根**

以迎接服务天下客家人为目的，作为精神之家梅州基地，为归来客提供归家接待，家乡了解。

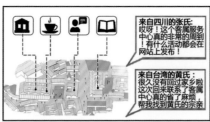

> 来自四川的张氏：
> 哎呀！这个客属服务中心真的非常的周到！有什么活动都会在网站上发布！

> 来自台湾的黄氏：
> 很久没有回过家乡啦，这次回来联系了客属服务中心真的省了麻烦，帮我找到黄氏的宗亲。

**自治**

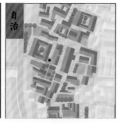

宗族之家自治聚落，其子代居住在此的客家人，一起在共同的祖祠参加祭祀活动，节庆日在共同的场地庆祝。

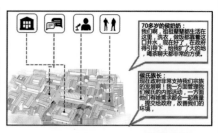

> 70多岁的侯奶奶：
> 我们啊，祖祖辈辈都生活在这里，洗衣，做饭都靠着这口共水，现在好了，在政府带引导下，给我们了大的地，喝茶聊天都非常的方便。

> 侯氏族长：
> 现在政府非常支持我们宗族的发展啊！我一方面管理我们侯氏的内部活动，一方面他们有啥需求都会一起商量，提交给政府，改善我们的环境。

**传统**

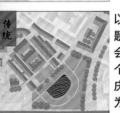

以客家节庆为主题，承担祭祀集会，组织附近各个宗族之家共同庆祝；同时，作为展示客家文化的舞台展示。

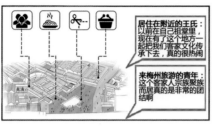

> 居住在附近的王氏：
> 以前在自己祖堂里，现在有了这个地方一起把我们客家文化传承下去，真的很热闹。

> 来梅州旅游的青年：
> 这个客家人宗族聚族而居的是非常的团结啊

**耕读**

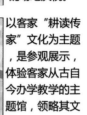

以客家"耕读传家"文化为主题，是参观展示，体验客家从古自今办学教学的主题馆，领略其文学风采。

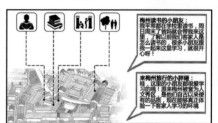

> 梅州读书的小朋友：
> 我平常都在学校里读书，周日周末了就到梅州客属来学习是多么的幸事，在这里读书的，很多小朋友跟我一起来这里学习，就很开心呀！

> 来梅州旅行的小朋友：
> 哇，这里的小朋友都很爱学习的哦！原来梅州被誉为人文秀区，基他们自古以来都秉有的品质，现在能够真正体验一下客家人学习的环境

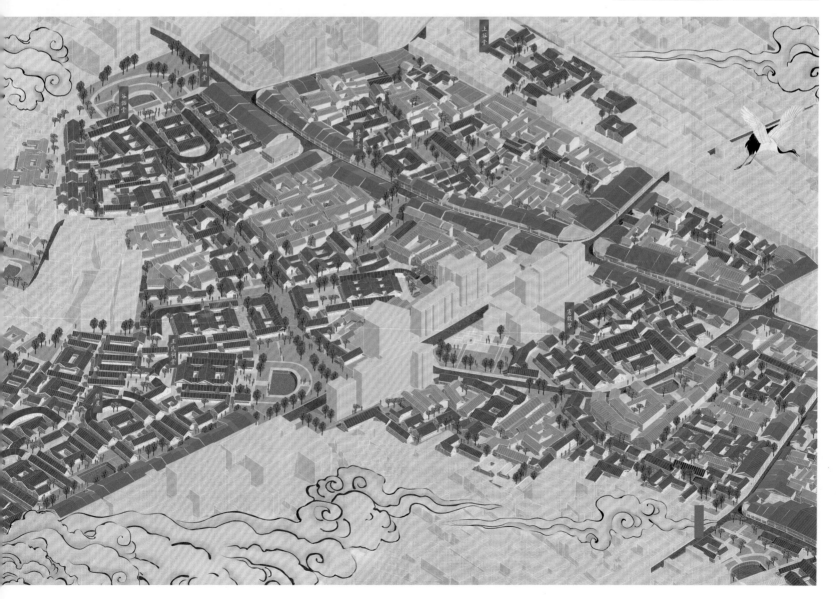

徐格非　蔡雨桐　望晨　陈嘉璐　潘奕帆

**潘奕帆**

这一次的南粤杯机缘巧合地选择在了我遥远的家乡梅县，给了我一个寻根问祖的机会，也让我有幸在本科学习的最后阶段接受这一次设计的挑战。在这次设计的过程中，自己的能力得到了锻炼，认识接触到了六校优秀的老师和同学们，并在竞争的同时也结下了深厚的友谊。即将踏出校园，希望自己能再接再厉，做出更好的成绩。

**陈嘉璐**

在五年本科最后的时光里参加的六校联合毕业设计，于我是一段特别的记忆。第一次剪辑视频、第一次表演小品、第一次制作装置、第一次切木头切到手跑去打破伤风。还有难以忘记的广州的早茶、昆明的米线、成都的凉糕。一路上遇到不少有趣的伙伴，路过很多美丽的风景，也希望朋友们在未来的日子里依然能保持这份热爱设计的心情。

**蔡雨桐**

六校联合毕业设计一晃眼就结束了，大学生活也接近尾声了。这段时光最难忘的是和小伙伴们的广州大理之旅，昆工工作营生活，以及最后半个月在临时搭建的工作室里熬夜听歌画图的日子。这几个月来学习到了很多知识，但更重要的是和来自全国各地的同学建立的深厚的友谊，留下了深刻的回忆。希望大家都能够在未来的日子里不忘初心，勇敢前进。

**徐格非**

很荣幸以此次六校联合毕业设计作为大学求学旅程的终点，我对自己所学的专业有了更加深刻的认识，对中国历史城区的保护有了更多的思考，也认识了许多来自全国各地的新朋友。回望这一个学期，虽然辛苦，但大家一起熬夜画图却充满欢乐，在此感谢赵老师的教导鼓励，也感谢小伙伴们这半年来的团结协作，这段经历于我来说将永生难忘。未来的路还很长，希望大家都能怀揣梦想，实现自己的价值。

**望　晨**

这次联合毕设在大学时光的尾声中结束，去了不同的城市，也认识了许多热心的、温暖的同学，很感激一起合作的小伙伴，五年同行，相识相伴相知。对我来说，每一次设计作业，不仅是学习，更是陪伴。转眼即将各奔东西，以后虽不能同行，只愿大家一切安好，在追梦的路上砥砺前行。"你我相逢在黑夜的海上，你有你的，我有我的方向，你记得也好，最好你忘掉，在这交汇时，互放的光亮。"

客城绎境 井·径·景

指导老师：赵炜
组员：蔡雨桐　望晨　徐格非　陈嘉璐　潘奕帆
学校：西南交通大学

## 项目背景与区位分析

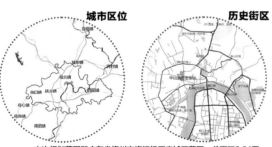

**城市区位**

本次规划范围即广东省梅州市梅江桥历史城区范围，总面积2.64平方千米。重点更新地段选中山路历史街区及其周边地区。

**历史街区**

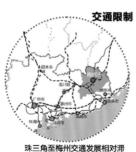

珠三角至梅州交通发展相对滞后，基地与赣南、闽西缺乏快速联系。机场、轨道交通等联系不足。

**交通限制**

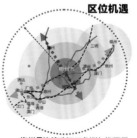

梅州是连接珠江三角洲与海西经济区两大经济体的重要枢纽节点，同时接受两大经济体的经济辐射带动。

**区位机遇**

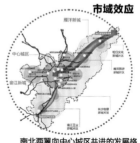

南北两翼向中心城区共进的发展格局，带来产业转型及旅游类型的变化，高端商务及旅游体验得到发展契机。

**市域效应**

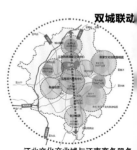

**双城联动**

江北文化产业城与江南商务服务城"双城联动"是梅州中心城区发展的重要战略，基地是江北片区的核心。

## 困境与目标

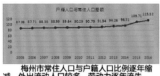

梅州市常住人口与户籍人口比例逐年缩减，外出流动人口较多，劳动力逐年流失。

作为梅州文化象征的梅州文体中心形象仿照土楼设计，却没有运用最具梅州本土客家民居特色的围龙屋形象。

人口逐渐流失
文化自信不足

凝聚城市文化共识

形成客家文化共识，提升客家文化自觉与自信，凝聚梅州文化。

老城区历史空间维护不善，不适宜新生活延续，如风水池等空间逐渐衰败荒废。

梅江桥北部老城区由于现代城镇化发展，原本保存完整的古城肌理结构弱化，原有的历史风貌渐渐消逝。

老城空间衰败
肌理结构弱化

再生城市空间肌理

强化城市传统结构，延续城市传统空间肌理，再生梅州空间。

由于设施不完善以及人口老龄化等问题，老城街道人气渐渐不足，生活缺乏活力

梅州人对当地历史事件、传统客家文化风俗习惯等记忆逐渐淡化，尤其是新一代年轻人缺少对其的了解。

生活活力不足
历史记忆消逝

唤活城市生活记忆

继承传统民俗生活，链接日常生活场景，唤活梅州生活。

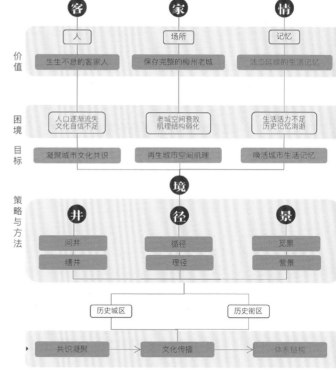

客　　　家　　　情

| 人 | 场所 | 记忆 |

价值
| 生生不息的客家人 | 保存完整的梅州老城 | 活态延续的生活记忆 |

困境
目标
| 人口逐渐流失 文化自信不足 | 老城空间衰败 肌理结构弱化 | 生活活力不足 历史记忆消逝 |
| 凝聚城市文化共识 | 再生城市空间肌理 | 唤活城市生活记忆 |

境

策略与方法
| 井 | 径 | 景 |
| 问井 | 循径 | 觅景 |
| 缮井 | 理径 | 营景 |

| 历史城区 | 历史街区 |

| 共识凝聚 | 文化传播 | 体系链构 |

## 现状分析

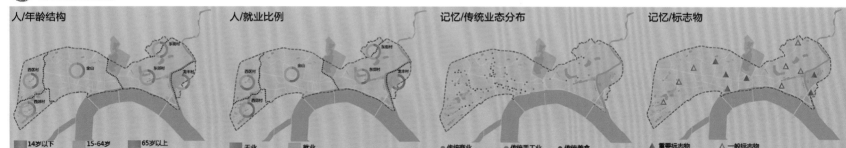

人/年龄结构　　　人/就业比例　　　记忆/传统业态分布　　　记忆/标志物

14岁以下　15-64岁　65岁以上　　无业　就业　　传统商业　传统手工业　传统美食　　重要标志物　一般标志物

## 概念演绎

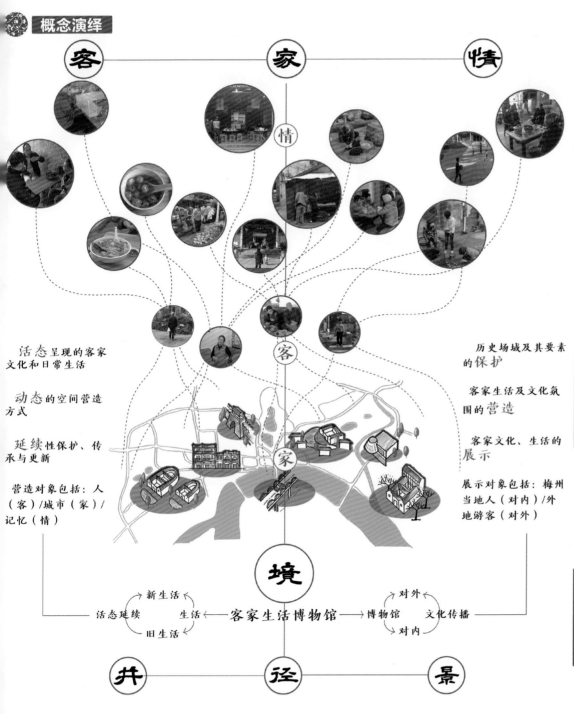

客　　　家　　　情

情

客

家

境

新生活　　　　　　　　　　　　　　对外

活态延续　　生活　←客家生活博物馆→　博物馆　　文化传播

旧生活　　　　　　　　　　　　　　对内

井　　　　　　径　　　　　　景

活态呈现的客家
文化和日常生活

动态的空间营造
方式

延续性保护、传
承与更新

营造对象包括：人
（客）/城市（家）/
记忆（情）

历史场域及其要素
的保护

客家生活及文化氛
围的营造

客家文化、生活的
展示

展示对象包括：梅州
当地人（对内）/外
地游客（对外）

## 客家情解读

### 客

生生不息的客家人
/客家文化

客居南方的中原人/反客为主的客家人
/迁徙外地的客家人/做客梅州的外地人

### 家

保存完整的梅州老城
/宗族

家族/山水/建筑/场域

### 情

活态延续的生活记忆
/乡愁

历史记忆/生活痕迹/文化传承/落叶归根

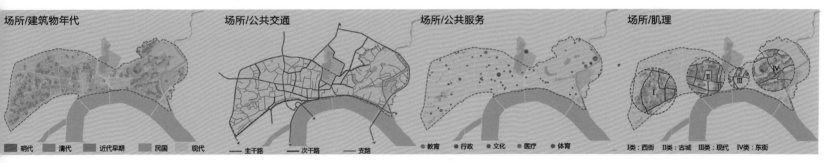

场所/建筑物年代　　　　　场所/公共交通　　　　　场所/公共服务　　　　　场所/肌理

明代　清代　近代早期　民国　现代

主干路　次干路　支路

教育　行政　文化　医疗　体育

I类：西街　II类：古城　III类：现代　IV类：东街

**井**　　　　　　**径**　　　　　　**景**

**乡井/乡愁**
古时，以八家一井形成居住聚落，井也慢慢成为了家乡的象征。

**神井/神明**
客家人会在井边供奉井神，以感谢神明送来井水，井也有了神秘色彩。

**文井/人文**
客家由宗族大家或有名望的人造井，于是井也作为功德的象征。

**民俗径**
客家民俗文化中宗族祭祀、婚丧嫁娶等活动穿过街巷，形成天然的民俗文化路径。

**历史径**
梅州客家历史遗产丰富，名人故居、特色民居、骑楼老街等形成了历史文化径。

**意景**
梅州老城区不同片区形成各自不同的生活文化氛围，构成丰富的客家风情意境。

**风景**
梅州市背山面水而生，青山、绿水、密林、长空，勾勒出梅州自然风景。

**聚井而居**
由于凿井困难，客家人往往以家族为单位造井，形成聚井而居的居住形式，宗祠老屋周围往往有井。

**汲井而栖**
井作为一种重要的人工水源，不仅可以供梅州人日常生产生活使用，也是对生态系统的微补足。

**依井而市**
井作为频繁使用的一种公共活动场所，以井为依托的商品交换活动自然而然产生，形成市井生活。

**交往径**
客家人邻里间交往频繁，骑楼街打麻将、闲聊，小巷里的一个偶遇，形成了纵横交错的交往路径。

**通勤径**
梅州人日常工作、学习、生活中，联系各个片区、街区的通勤路径。

**场景**
梅州人有着淳朴的民俗生活，城市中生活场景都是梅州天然的文化遗产。

**景观**
散布在梅州小巷中的古树、古井、古牌坊等景观都是具有梅州当地特色的标志物。

**井**　　　**以井见城**
梅州老城区散布着大大小小的古井，井代表着老城区的节点、入口、标志，也代表着乡愁、井神和名望功德。此次设计以小见大，以"井"入手寻找城市节点、入口和标志。

井/点/节点、入口、标志

**径**　　　**以井游城**
老城区宽街窄巷是梅州人重要的公共交往空间，也是联系着"井"空间的"径"，代表着老城区的路线、边界和向导。此次设计以"径"作为载体，梳理城市的脉络和联系。

径/线/路线、边界、向导

**境**　　　**以井绎城**
梅州历史城区是一个资源丰富的历史场域，一个活态的客家生活博物馆，"境"代表老城的意象、场域和城市性格。此次设计的目标是营造梅州意境、突出城市性格、留住最真的梅州。

境/域/意象、场域、城市

**景**　　　**以井绘城**
老城区特有的人文自然景观以及梅州人的生活场景形成了梅州老城的独特景致，景代表着老城区的街区、网络和系统。此次设计通过对"景"的营造，延续和焕活老城生活气象。

景/面/街区、网络、系统

问井/古井分布　■重要古井　■一般古井　问井/开敞空间　■活动空间　■水系　问井/历史资源点　■重要历史遗产

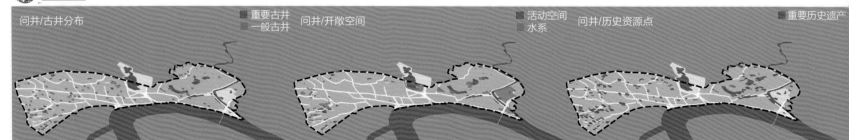

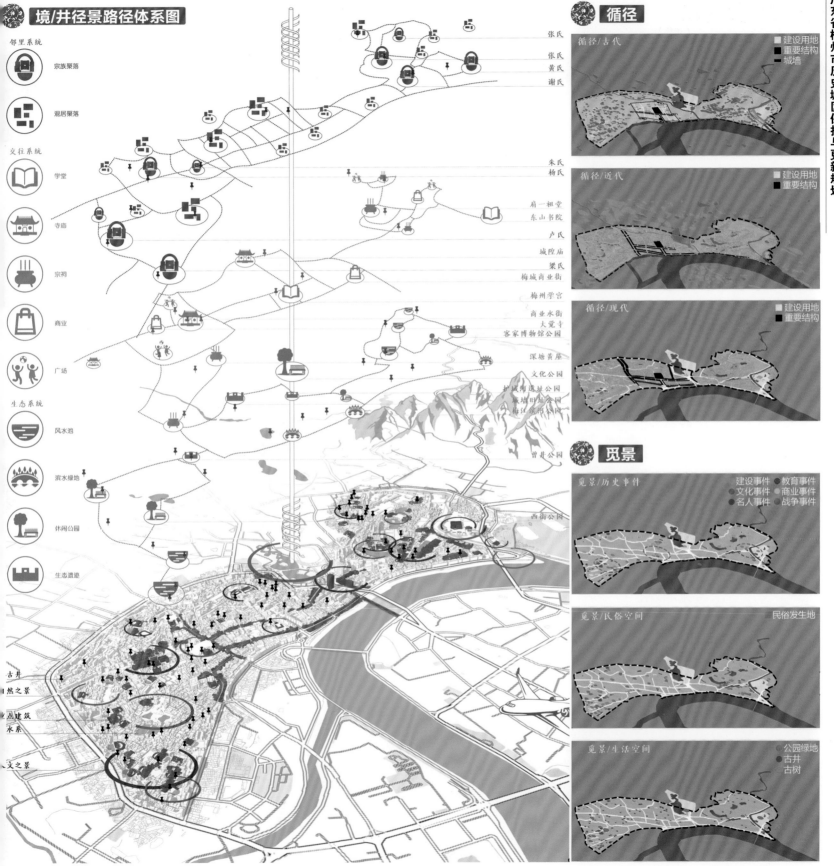

境/井径景路径体系图

邻里系统

宗族聚落

混居聚落

交往系统

学堂

寺庙

宗祠

商业

广场

生态系统

风水池

滨水绿地

休闲公园

生态遗迹

古井

自然之景

重点建筑

水系

人文之景

张氏
张氏
黄氏
谢氏

朱氏
杨氏

肩一祖堂
东山书院
卢氏
城隍庙
梁氏
梅城商业街
梅州学宫
商业水街
大觉寺
客家博物馆公园
深垣黄屋
文化公园
护城河遗址公园
城堭田园公园
梅江滨河公园

曾井公园

西街公园

循径

循径/古代
建设用地
重要结构
城墙

循径/近代
建设用地
重要结构

循径/现代
建设用地
重要结构

觅景

觅景/历史事件
建设事件　教育事件
文化事件　商业事件
名人事件　战争事件

觅景/民俗空间
民俗发生地

觅景/生活空间
公园绿地
古井
古树

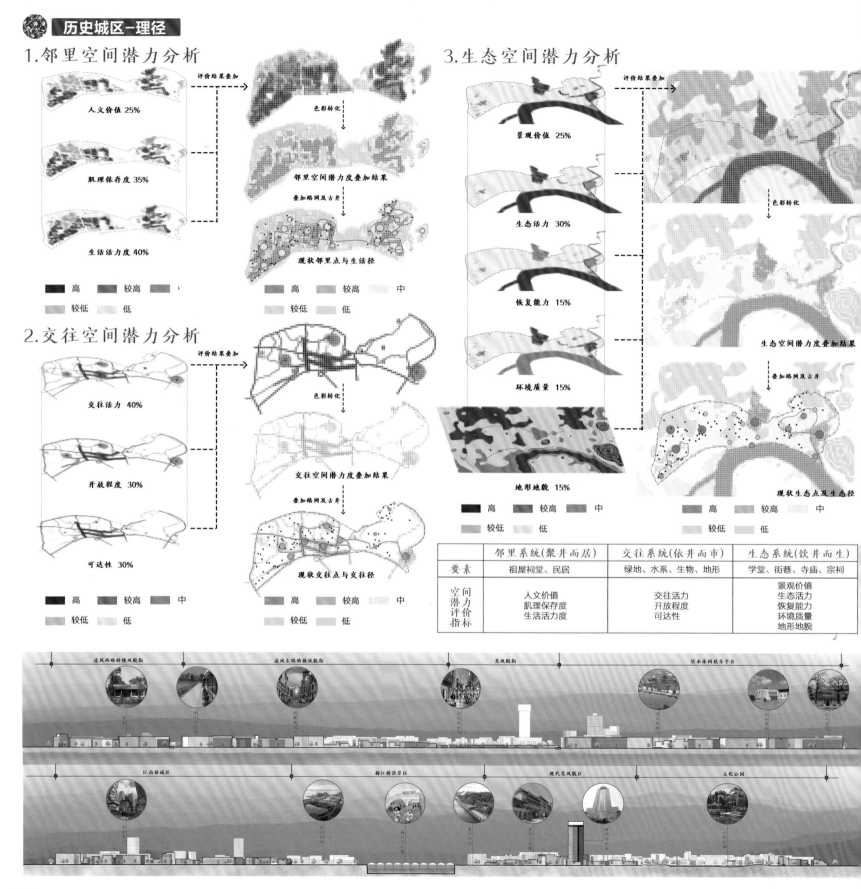

## 1.邻里空间潜力分析

人文价值 25%

肌理保存度 35%

生活活力度 40%

评价结果叠加

色彩转化

邻里空间潜力度叠加结果

叠加路网及古井

现状邻里点与生活径

高　　较高　　
较低　　低

高　　较高　　中
较低　　低

## 2.交往空间潜力分析

交往活力 40%

开放程度 30%

可达性 30%

评价结果叠加

色彩转化

交往空间潜力度叠加结果

叠加路网及古井

现状交往点与交往径

高　　较高　　中
较低　　低

高　　较高　　中
较低　　低

## 3.生态空间潜力分析

景观价值 25%

生态活力 30%

恢复能力 15%

环境质量 15%

评价结果叠加

色彩转化

生态空间潜力度叠加结果

叠加路网及古井

现状生态点及生态径

地形地貌 15%

高　　较高　　中
较低　　低

高　　较高　　中
较低　　低

| | 邻里系统(聚井而居) | 交往系统(依井而市) | 生态系统(饮井而生) |
|---|---|---|---|
| 要素 | 祖屋祠堂、民居 | 绿地、水系、生物、地形 | 学堂、街巷、寺庙、宗祠 |
| 空间潜力评价指标 | 人文价值<br>肌理保存度<br>生活活力度 | 交往活力<br>开放程度<br>可达性 | 景观价值<br>生态活力<br>恢复能力<br>环境质量<br>地形地貌 |

## 客家生活博物馆主题结构

### [主题结构]

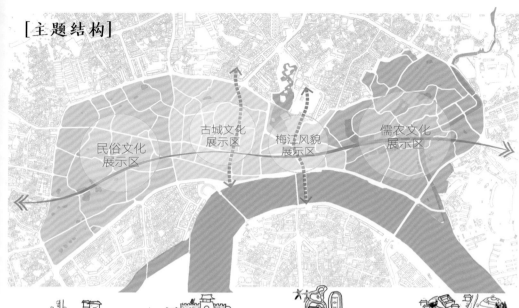

民俗文化
展示区

古城文化
展示区

梅江风貌
展示区

儒农文化
展示区

大觉寺
园屋寺
西街公园
水井巷
民俗　文化
**文创生活**
木雕
手工医人
木偶剧竹板歌
**纸扎工艺**

金山顶博物馆
梅城水街
中山路小吃街
**传统商业**　城墙遗迹
老码头街影
曾井广场
凌峰路骑楼
**古城旧影**

文化
公园　国龙休育广场
**都市休闲**　梅江亲水线
**梅江桥**
类风貌商业街
维纳斯名典酒店
**梅江大桥**

田园风光　七海风水地
盘龙桥
黄遵宪故居
**旅居休闲**
东山书院
**客家博物馆**
月牙湖　觉街穿巷

## 客家生活博物馆手绘地图

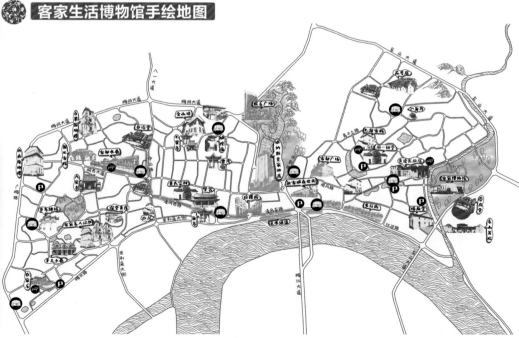

## 客家生活博物馆主题结构

### 1.居住划分与公共服务设施规划

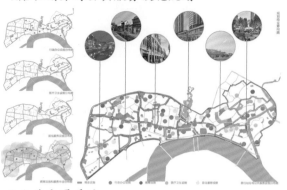

### 3.公共交通系统

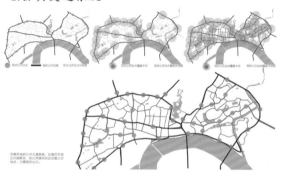

### 2.文化设施系统

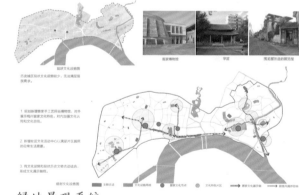

### 绿地景观系统

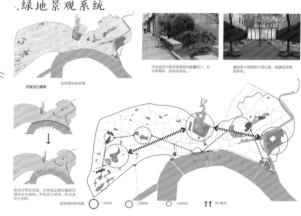

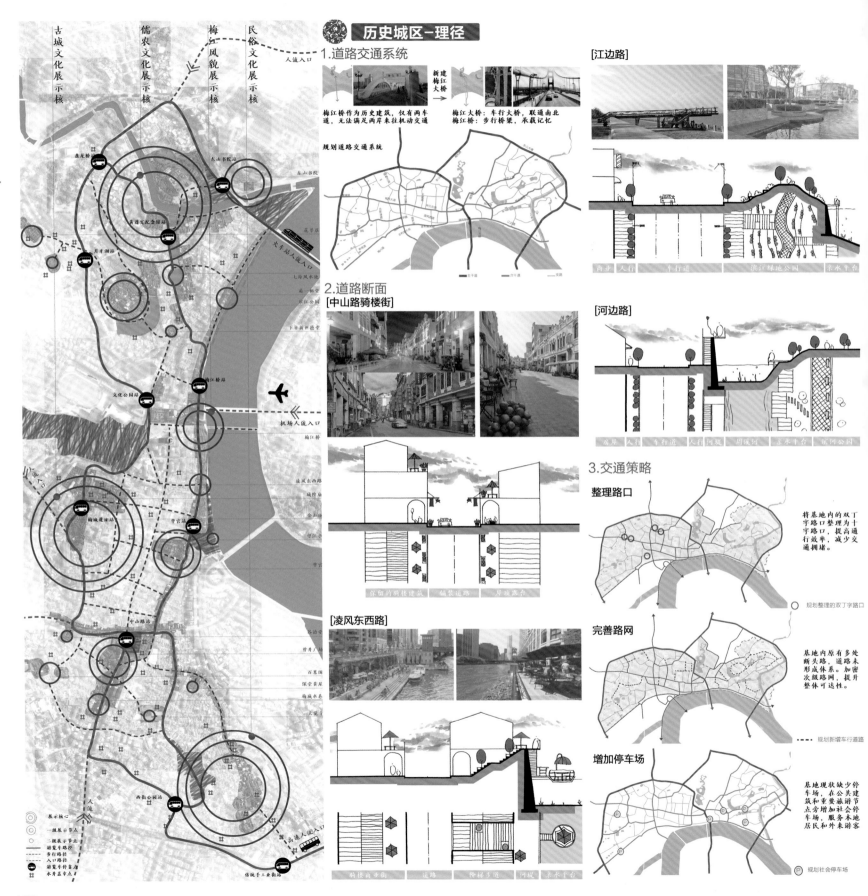

古城文化展示核
儒农文化展示核
梅江风貌展示核
民俗文化展示核

人流入口

盘龙桥站
东山书院站
东山书院
黄遵宪纪念馆站
七海承池
前一小学
乐江公园
下市新世纪堂
月牙湖站
火车站人流入口
花萼居

梅红桥站
文化公园站
机场人流入口
梅红桥

凌风东西路
城隍庙
金山楼
坚红路
学宫
学宫
梅城遗址站

入流入口

曾井广场
百果园
深堂黄屋
梅城水系
大爱堂

中山路站

西街公园站
人流

传统手工业街站
高速入流入口

展示核心
一级展示节点
二级展示节点
游览车路径
步行网路径
入口路径
游览车停靠点
水升蓝停点

## 1.道路交通系统

新建梅江大桥

梅江桥作为历史建筑，仅有两车道，无法满足两岸来往机动交通
梅江大桥：车行大桥，联通南北
梅江桥：步行桥梁，承载记忆

规划道路交通系统

主干道 次干道 支路

## 2.道路断面

[中山路骑楼街]

保留的骑楼建筑 铺装道路 屋顶露台

[凌风东西路]

骑楼商业街 道路 阶梯步道 河堤 亲水平台

[江边路]

商业 人行 车行道 汉江绿地公园 亲水平台

[河边路]

房屋 人行 车行道 人行 河堤 胡溪河 亲水平台 滨河公园

## 3.交通策略

### 整理路口

将基地内的双丁字路口整理为十字路口，提高通行效率，减少交通拥堵。

○ 规划整理的双丁字路口

### 完善路网

基地内原有多处断头路，道路未形成体系。加密次级路网，提升整体可达性。

------ 规划新增车行道路

### 增加停车场

基地现状缺少停车场，在公共建筑和重要旅游节点旁增加社会停车场，服务本地居民和外来游客。

Ⓟ 规划社会停车场

## 历史城区-营景

【细部控制】[细部控制]

继承客家传统建筑色彩，建筑墙面主色调采用客家传统建筑的白色和线黄色系。

建筑色彩

选取梅州本土植物品种，加强梅州地域性特色。通过合理的植物搭配，提高室外空间品质。

绿化形式

在控制新修建筑时，可加入客家传统建筑的山墙、坡屋顶、门廊等元素。

建筑风格

完善老城区城市家具，添加垃圾桶、公共座椅、健身设施等，展现客家特征，尽可能使用当地材料。

城市家具

格局与风貌

高度控制

拆改建

分期建设

## 分期策略

**Step1 共识凝聚**

发掘潜力人群引导梅州全民形成地域文化共识

宗族团体

1. 通过家庭寻根活动，聚集梅内外各家姓后代。 → 2. 形成稳定团体，定期举行家族记忆传承活动。 → 3. 家族团体为主，梅州全民形成民俗文化自信。

名人后裔

1. 通过名人后裔形成保护名人故居组织。 → 2. 提供名人生前事迹、语录等资料，作为展示品。 → 3. 故居原貌恢复，引导梅州市民了解历史文化。

**Step2 文化传播**

当地保护组织为首，带动民众进行对外文化展示

1. 由保护团体发起全国乃至全球性客家文化活动，参与者包括对客家文化感兴趣的各界人士。

2. 根据生活博物馆主体定位，结合当地情况，鼓励按原风貌发展传统业态。

3. 形成历史生活民俗一体化的展示体系，提供奖励补助政策，引导居民自愿参与文化展示路线的构建。

**Step3 体系构建**

以客家文化为主，形成成熟的文化展示体系

延续

1. 在地工匠体系构建：聘请专家教当地民众遗产保护文化。

2. 下世代传承活动组织：学生暑期遗产体验活动、世界遗产工作坊的举办。

3. 遗产保护NGO组织搭建：吸引NGO组织驻入，提供资金与技术，帮助产业发展。

更新

1. 客家文化研究机构建立：吸引专家学者等驻地发掘客家文化。

2. 客家民俗产业体系构建：开设客家剪纸艺、泥塑、饮食、布艺等的教学展览工作坊。

3. 客家文化旅游体系发展：客家文化旅游体验产业发展，形成沉浸式体验旅游体系。

## 历史街区-鸟瞰图

## 问井

### 缮井
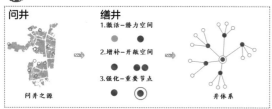

1. 激活-潜力空间
2. 增补-开敞空间
3. 强化-重要节点

问井之源 → 井体系

## 循径

### 理径

1. 疏导-隔离空间
2. 连接-路径空间
3. 链动-路径体系

循径之幽 → 径体系

## 觅景

### 营景

1. 控制-片区风貌
2. 整合-城市功能
3. 营造-生活场景

觅景之深 → 景体系

[井与径]

井位于街口　　井位于巷道
井位于宗祠入口　井位于巷口

[骑楼街]

二层居住　　一层商铺
人车混行　　廊道休闲

[巷道]

2.5m巷道　　1.5m巷道
1m巷道　　0.8m巷道

[井与聚落]

井与宗祠
研究范围内18个古井中有10个靠近宗祠祖屋。

井与民居
民居围绕宗祠祖屋附近的古井形成聚集状态。

[井与交往]

井与街巷
研究范围内18个古井中有5个靠近主要街道，6个靠近主要巷道。

井与历史建筑
古井大多位于各个历史建筑之间连接的地块。

[井与生态]

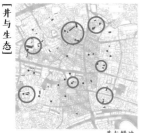

井与绿地
研究范围内绿地缺乏，主要为缝隙绿地，缺少精大的绿地。

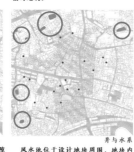

井与水系
风水池位于设计地块周围，地块内缺乏地面水系，只有水井补足生态。

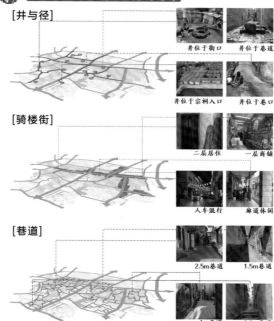

本地人　　外地人

本地非客家人　本地客家人　寻根客家人　游客

手艺人　老年人　儿童　创业者　老年人　儿童　中年人

社交　拜神　玩耍　做生意　健身　休闲　游览

创作　散步　祭祖　学习　看病　参观　购物　体验

传艺

公园　　传统手工作坊　　街道　　广场　　图书馆　　传统商铺

健身场地　围龙屋　药房　医院　客家博物馆　水池

[空间活动]

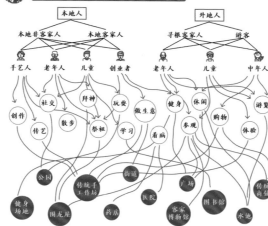

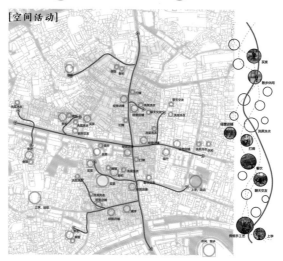

围龙民宿

围龙街

客城小径

曾井广场

中山路骑楼街

客都水巷

154

① 百果园炮楼
② 围龙体育公园
③ 谷诒园
④ 谷诒堂
⑤ 古井诗园
⑥ 围龙民宿街
⑦ 传统手工艺街
⑧ 风水广场
⑨ 围龙街牌坊
⑩ 客家私房菜馆
⑪ 中山路车站
⑫ 游客服务中心
⑬ 中山路骑楼街
⑭ 豫章堂
⑮ 上谷堂
⑯ 街头绿地
⑰ 仲元西路骑楼街
⑱ 曾井
⑲ 曾井广场
⑳ 曾井公园
㉑ 围龙展馆
㉒ 口袋公园
㉓ 大觉寺
㉔ 深塘园

㉕ 深塘黄屋
㉖ 仙罗邻里中心
㉗ 月影塘路骑楼街
㉘ 辅庭路骑楼街
㉙ 凌凤西路骑楼街
㉚ 太史第
㉛ 客都水巷

经济技术指标
建筑密度：0.64
容积率：1.38
绿地率：16%
总建筑面积：345000m²
占地面积：25公顷

# 历史城区-理径

## 1.激活-潜力空间

### [水井空间更新]

1. 拆除周边建筑，改造成曾井公园

2. 结合周边宗祠老屋，更新成宗祠广场。

3. 维护水井空间，形成统一标志物。

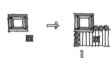

### [围龙屋更新]

1. 恢复围龙屋原貌，改造成小型展览馆。

内部：恢复围龙屋内部陈设，部分房间可设置展览空间。

外部：按照修旧如旧的原则恢复屋顶瓦片、墙面色彩、院落空间等。

2. 保持围龙屋群风貌，更新成特色民宿。

外部：部分院落开放，形成公共景观，增加邻里交往

内部：部分功能改造，围合院落私密性强。

居住 + 民宿

3. 更新围龙屋空间，改造成活动中心。

外部：拆除部分破旧房屋，改造成室外活动场地。

内部：改造功能，设置各类室内活动室。

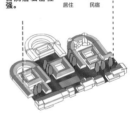

### [缝隙空间更新]

1. 增加活动设施，提高居民公共生活质量。

2. 增加绿色空间，美化城市环境。

稍大的节点空间可开辟绿植，提高绿地率。

狭窄的巷道口可靠墙角放置可移动盆景。

3. 设置景观小品，增加居民生活趣味。

设置指示标牌，为游人引路。

设置休息座椅等休憩空间

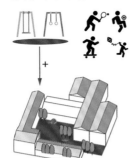

## 3.强化-重要节点

## 2.增补-开敞空间

[水系]

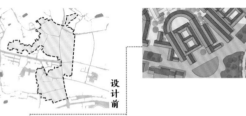

恢复部分围龙屋的风水池，设计成风水池景观。

设计前

设计后

结合曾井设计曾井公园的水景，形成连续水系。

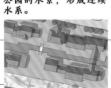

拆除部分危楼结合风水池设计具有特色的商业水街。

[绿地]

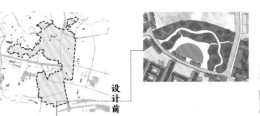

结合围龙屋和恢复的风水池设计成街区小游园。

设计前

设计后

结合曾井及围龙屋展览点，设计成曾井公园。

梳理拆除部分破旧房屋，留出街角绿地。

[广场]

改造围龙屋为居民活动中心，形成社区中心。

设计前

设计后

结合曾井设计曾井广场，形成地块的入口和标志。

结合风水池设计商业街巷的活动广场，形成停留空间。

---

曾井公园　　　曾井广场　　　中山路骑楼街　　　油罗邻里中心　　　豫章堂　　　客都水巷　　　围龙体育公园

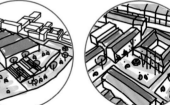

156

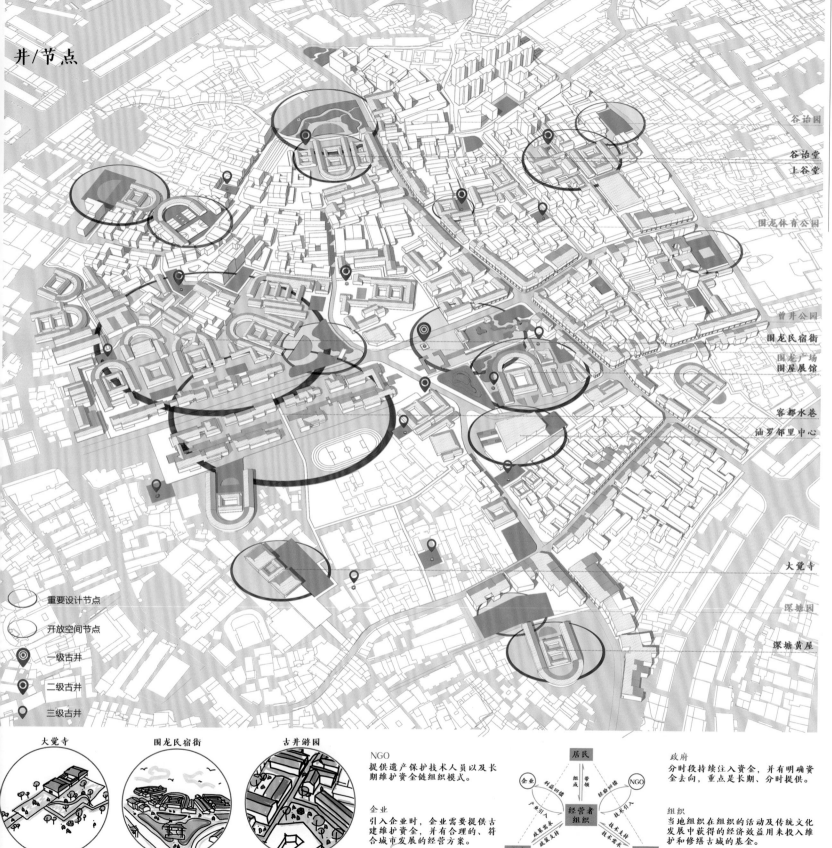

井/节点

谷诒园
谷诒堂
上谷堂
围龙体育公园
曾井公园
围龙民宿街
围龙广场
围屋展馆
客都水巷
油罗邻里中心
大觉寺
深塘园
深塘黄屋

重要设计节点
开放空间节点
一级古井
二级古井
三级古井

大觉寺

围龙民宿街

古井游园

NGO
提供遗产保护技术人员以及长期维护资金链组织模式。

企业
引入企业时，企业需要提供古建维护资金，并有合理的、符合城市发展的经营方案。

政府
分时段持续注入资金，并有明确资金去向，重点是长期、分时提供。

组织
当地组织在组织的活动及传统文化发展中获得的经济效益用来投入维护和修缮古城的基金。

居民
企业
政府
专业者
NGO
经营者组织
科技回馈
经验回馈
产业引入
技术引入
成果支持
成果展示
技术支持
技术需求

## 1.疏导——隔离空间

民居包围的封闭空间　　缺乏纵向联系的巷道　　封闭的围龙屋院落

↓　　　　　　　↓　　　　　　　↓

开放丰富的公共空间　　形成横纵交织联系的巷道　　开放的公共景观

## 3.链动——路径体系

### 要素综合

设计地块内部及周边历史文化遗产、古井等要素丰富而混杂，主要街道中山路以小吃为特色。

### 文化径体系

历史文化遗产节点之间用街巷相连，古井串联在文化径上，形成文化引导。

### 生活径体系

疏通生活街巷形成生活径，密集而曲折的巷道保留了地块肌理，并提高了生活的通达性。

### 生态径体系

地块内的水池、古井、小块绿化等生态空间用生态径体系联系，织补生态空间。

## 2.连接——路径空间

现状道路　　　　　　　规划道路

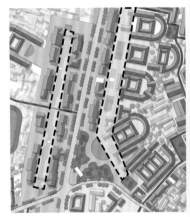

## 1.控制—片区风貌

建筑材质与色彩控制分区

历史街巷宽度控制分类

| | | 一类控制区 | 二类控制区 | 三类控制区 |
|---|---|---|---|---|
| 区位 | | 主要位于中山路、城西大道、仲元西路沿街两侧的历史地段、文保单位 | 主要位于历史街区除一类控制的其他民居 | 主要位于片区内的拆迁用地以及更新的类风貌建筑 |
| 材质 | 屋顶 | 建议以青瓦为主的坡屋顶 | 建议以青瓦坡屋顶为主，可局部为平屋顶 | 建议有部分青瓦坡屋顶，可用现代演绎协调其他区域，可局部为平屋顶 |
| | 墙面 | 建议控制为抹灰、青砖、灰质墙面 | 建议控制为抹灰、青砖、木材、石材为主 | 建议控制为抹灰、青砖、木材、玻璃幕墙、白色置板、陶瓷为主为主 |
| | 山墙 | 建议以装饰木门窗为主 | 建议以饰木门窗、徐金属框架 | 建议装饰木门窗、徐金属框架、玻璃门 |
| 色彩 | | 建议建筑墙体以白色、青色、棕色为主，屋顶以青瓦、砖红、绿色点缀，形成传统特色的色彩基调 | 建议建筑墙体以白色、青色、线黄为主，其他与一类控制区色彩协调 | 建议建筑墙体以白色、青色、线黄为主，线与一类控制区色彩协调，标志性节点可适当丰富 |

## 2.整合—城市功能

水景表演　旅游车换乘　探井寻趣　坡地休闲　平台观景

广场活动　水巷购物　文化展览　池岸游憩　商业连廊

骑楼露台　游览观光　周末市集　社区活动　祭祀活动

艺术展览　公园散步　社区菜场　文创市集　体育活动

古井游园　社区商业　风水池　节日游行　休闲广场

邻里中心　客家餐饮　传统民宿　开放空间　屋顶露台

重点建筑
风貌游览

文化展览

商业活动

市民休闲

公共交通

宽街窄巷

风俗体验

开敞空间

文化创意

整体轴测

158

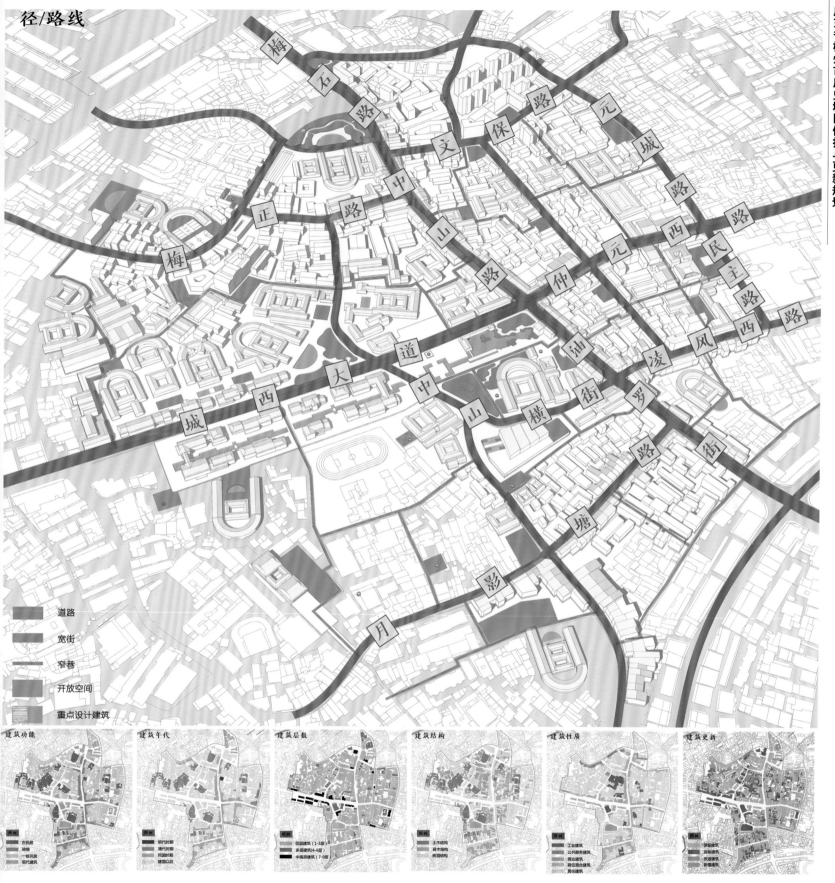

径/路线

道路

宽街

窄巷

开放空间

重点设计建筑

建筑功能　　建筑年代　　建筑层数　　建筑结构　　建筑性质　　建筑更新

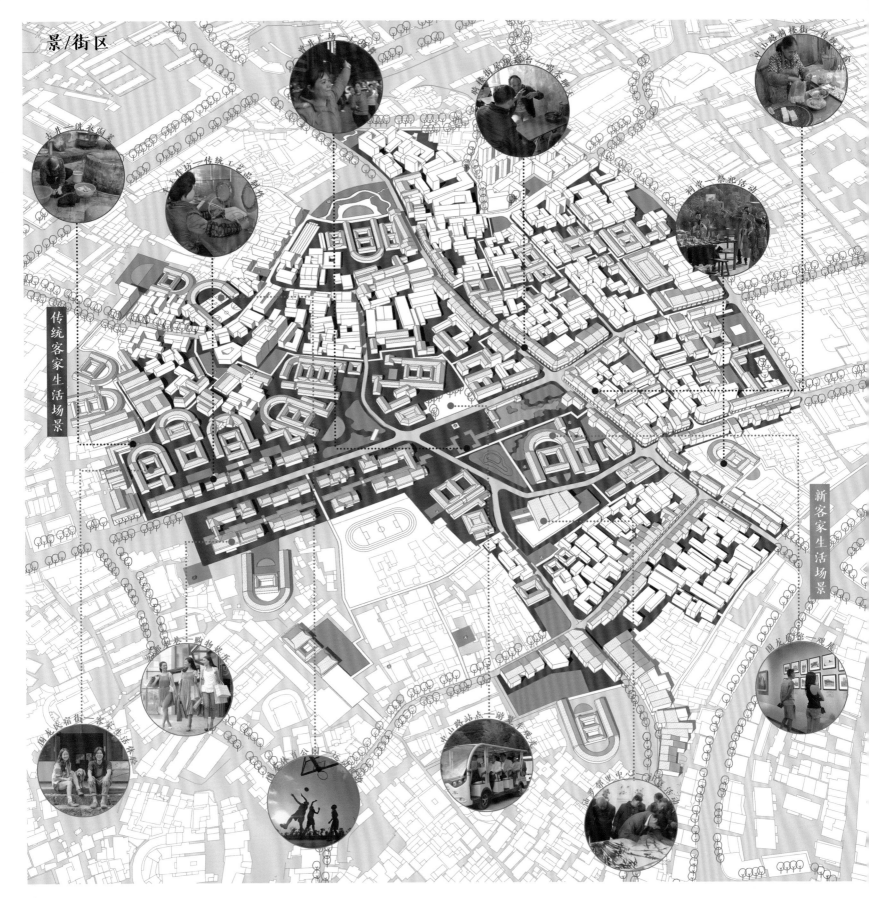

景/街区

传统客家生活场景

新客家生活场景

# 3.营造——生活场景

## [开放空间系统]

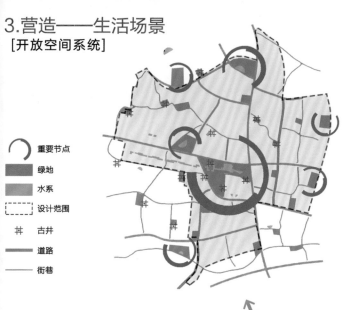

- ⌒ 重要节点
- ▦ 绿地
- ▦ 水系
- ⬚ 设计范围
- 井 古井
- ━ 道路
- ─ 街巷

## [景径系统]

- ⌒ 重要节点
- ▣ 重要建筑
- ⬚ 设计范围
- ➤ 通车道路
- ─ 人行小径

## [场景策划]

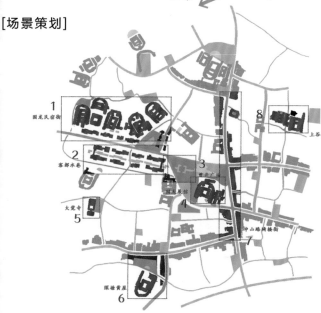

## [曾井广场]

曾井：传说程乡县令曾芳蓄曾井，梅江区流行瘟疫，曾芳用装药放置在曾井中，患上了瘟疫的人喝了曾井的水之后都痊愈了。

结合曾井设计的曾井广场成为设计地块的标志，也是城区游览线路中的一个站点。曾井公园以及围龙展览馆形成一个文化游览景点。

## [围龙民宿街]

特色民宿：保存完好的围龙屋群代表了独特的客家聚落形式，围龙屋作为客家建筑的代表，也是宗族聚落的象征。

结合围龙屋群设计的特色民宿成为设计地块的亮点，半开放半封闭的形式使得民宿的开放性和私密性都很好，结合新建仿古商业街，形成居游一体的休闲地点。

## [谷诒堂]

风水池公园：风水池与围龙屋形成太极八卦的图案，体现了梅州客家人讲求风水的民俗文化。

结合风水池设计的风水池公园是保护传承客家文化的载体，不仅可以展现客家文化的特色，提高居民文化自信与自觉，也为居民提供了游憩空间。

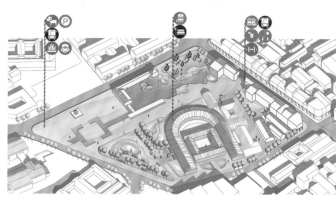

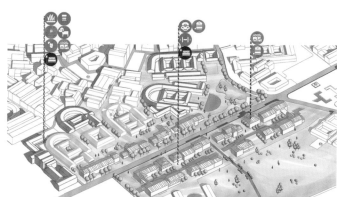

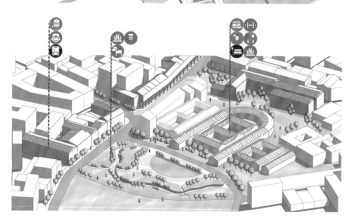

1.体验客家生活

2.客家工艺品购物

3.学习了解井文化

4.参观客家围屋

5.佛教文化体验

6.祭祖文化体验

7.品尝客家传统美食

8.探井打卡活动

**广州大学** 漆平

　　蓦然回首，屈指六年，已有数百名学生从"6+1联合毕业设计"走出，同学们对这个活动的信任始终是我们教学团队前行的动力。这种跨地域、跨校际、跨专业的教学活动，在学生的本科学习过程中可能是唯一的一次。如何使这样的活动变得"有趣的严肃，丰富的单纯，多样的统一"，我们一直在尝试新的教学方式。经过几年的磨砺，教学团队经历了陌生、沟通、共识到默契，今年的教学过程比以往更成熟，各校教师之间、与广东省规划院的专家之间的配合更加默契，教学团队更加具有凝聚力。

　　今年，又迎来了一批新的面孔，同学们朝气蓬勃、目光中充满了期待，面对场地复杂的状况、教学团队苛刻的要求，各小组以积极的态度展开工作，从现场调研到成果制作都投入了极大的热情，最终给我们呈现了优秀的作品。

　　各校同学之间增进了了解，建立了友谊，交流了体会，与教师和专家有不同形式的交流学习，在教学团队高标准的要求下，没有同学退缩。我说过，这次的教学活动，必将使同学们终身难忘，在最后的晚会上，我看到了同学们难舍的目光。

　　希望"6+1联合毕业设计"的经历成为全体同学的美好回忆，成为职业道路上的重要过程，成为校企交流的情感纽带。

教师感言 2018

**西南交通大学**　赵炜

　　本年度的毕业答辩在成都举行，为2018年的毕业设计教学画上了圆满的句号。毕业设计的成果超出预期，每个方案的完成度都很高，且不乏闪光点，汇集了指导老师们的心血和整个团队的智慧。哈工大同学制作的环保布袋"稳住我能赢"，其不同的成果形式，揭示出了特别的意义。经过多年的探索，"南粤杯"六校联合毕业设计，已经越来越"稳"，过程控制日臻完善，成果的质量逐步提高。在当前规划制度、学科发展、市场动态的变迁背景下，参与联合教学的省院和师生们，无疑面临巨大的挑战，但大家"赢"得了尊重。企业支持、学校联合，跨学科跨专业组队，全方位投入了宝贵的资源，每一站的活动，都真正实现了学习和交流的共同目标。严谨负责的教学组织以轻松有趣的形式呈现，稳稳地完成了教学任务，得到了很好的学界和社会反响，期待更好的再见！

**哈尔滨工业大学**　刘杰

　　今年是哈尔滨工业大学加入联合毕设的第三年，学生们在联合毕设中收获累累，再次证明我们的联合毕设的确是值得继续践行的道路。

　　整整一个周期的活动参加下来，有感慨、有遗憾、有兴奋、有敬意。各校同学们和他们的老师们是试图为当代和历史找出更多思考路径和现实出路的人，他们需要在工作中整合太多作为个体无论从跨度到厚度都不易把握的内容。我们看到了设计作为一种角度、一种工作、一种策略和一种力量，是如何成立和绽放的，是如何质疑和建树的，是如何在设计者和他们面对的城市对象之间建立起一种可信任的展望和期待的。

　　为本次和未来的活动鼓掌。

**广州大学** 骆尔提

  每天早上6点半，"罗辑思维"主持人罗振宇会有1分钟的随想和感言与听众们分享，而在每年的12月31日晚上，他会举办一场4个小时的跨年演讲（脱口秀），从2015年开始至今，罗振宇表示他要连续办20年，直到2035年。现实中、媒体中和网络上对"罗辑思维"节目和罗振宇个人有着许许多多的评价，有正面的也有负面的，在这里我想借这个话题谈我个人对联合毕设的一些想法。

  首先在于信念，无论是广东省规划院、六校的各位老师，参与毕设的各位同学，在对待毕设的态度上是有高度和觉悟的，它不仅仅是一个毕业设计课题，还是一个高校与社会、高校与企业、高校与高校交流的活动，是新时代大学生精神风貌的展示，是高校教育成果（专业技能和精神文明）的展示。

  其次在于坚持，我个人对"罗辑思维"主持人罗振宇是很佩服的，也从中学到很多东西，其中一个就是执着和坚持。联合毕业设计已经走过了6个年头，每一年都在进步，影响力在扩大，设计水平在提高，参与的方式更加多样，成果的表达更加灵活，真心希望联合毕业也能办上20年。

  至于收获，我相信，无论是同学们还是我们老师都是收获满满的。作为老师，我希望同学们不仅仅是专业知识的提升，更多的是专业之外的收获：对他人、对社会的尊重，对历史的敬畏，对价值观、人生观的思考，等等，这其实是联合毕业设计的最大的收获。

教师感言 2018

164

**昆明理工大学** 陈桔

　　6+1联合毕业设计从缘起至今已经走过6年，第六届参与联合毕业设计的同学也已经走入社会或继续升学，往届的毕业生有终成眷属的，有到兄弟院校深造之后到广东省规划研究院工作的，这些都是我们这六年积累起来的"重要成果"。记得参加我们6+1的一位同学说，老师你真好，能陪自己的学生最后一起熬夜！我要说，其实我们联合毕设的老师之间分工互补，师生之间各有各的陪伴和关心方式，每一位老师都在同学们的成长过程中努力付出，这样才能成为一个真正的教学团队。记得一位没能参加我们6+1的一位同学说，你们是最像"联合"的联合毕业设计！我要说，确实这几年的联合毕业设计的数量多、联合方式多样，6+1之所以不同，不仅是因为我们有一个中期工作营保证了我们足够多的面对面交流机会，更重要的是因为我们有一个长期支持和认真参与教学的联合企业——广东省规划研究院，不断用自身行动来教育大家应该具有的社会责任感和奉献精神。

　　为了明天的继续前行，我们还需要不断的总结和创新，希望我们的教学有更多的时间和机会去面对现场，让规划设计的成果更"接地气"，而不只是阐述自己理想的"空中楼阁"；希望我们的教学能够有更多对其他学科的关注，用更强有力的分析手段来支撑我们的成果，去更好地实现我们设计中的人文关怀。

**厦门大学** 王量量

　　不知不觉，广东省院杯联合毕业设计已经走过了六个年头，这也是我个人参加这个活动的第三年。在感慨这个活动越来越精彩的同时，也感叹时间过得太快。非常感谢几位志同道合的指导老师，幸而有你们的陪伴，这几年时间才过得更有意义。当然最该感谢的是联合毕业设计的赞助者，广东省城乡规划设计研究院。

　　去成都西南交大参加最终答辩之前，一位去年参加联合毕业设计的同学打来电话咨询我，她刚从香港中文大学城市设计专业毕业，正在广州找工作，而且非常想去广东省院，但还是拿不定主意。我跟她说，一个设计院如果愿意付出人力财力和物力资助几个高校开展联合毕业设计，而且是连续资助六年，那么这个设计院一定是有追求的设计院，是一个优秀的设计院，没有必要再犹豫了。几天之后在成都参加毕业答辩的我收到了她发的消息，告知我她已经和广东省院签约了，这个消息令我倍感欣慰，这可能是这项活动对我来说最大的收获了。

　　当然，还是要感谢今年参加联合毕设的同学们，你们这段时间辛苦了，当然我觉得你们也是幸运的，有这样一个舞台能让你们和多个院校的毕业生一起交流是非常难得的。最后我还想对所有同学说，毕业设计虽然结束，职业生涯却刚刚开始，还需继续努力奋斗。

教师感言2018

**南昌大学**　周志仪

　　2018年6月1日是"非常城规六加一"系列毕业设计6周岁生日，这个系列活动按平均每届学生40名的规模统计，约有200多学生参加了这个活动。感谢创始人的远见睿智和广东省院的持续支持。

　　毕业学生要面对今后40多年的职业生涯，可是未来人工智能是不是会取代他们以后的工作？去年，人工智能建筑师"小库"已经上市，利用机器智能快速地帮助建筑设计师完成拿地方案、概念设计等环节的方案设计，提升整个设计前期的效率。以色列作家尤瓦尔·赫拉利最近又出了一本新书《今日简史》，把他的人类思考三步曲画上了句号。他预言，在20～30年以内超过50%的工作机会被人工智能取代，大部分的工作机会将被取代。关于新的工作机会具体是怎样还很难预测，带来的问题不少。包括我们的教育教什么，大学里面学什么，这可能都是存在一定的问题。尤瓦尔·赫拉利认为，大部分的单一重复性的工作很容易被取代，如果它的工作从事科研的话，需要更多的创新能力和协调能力，这样的工作可能不容易被取代。

　　顺着这个思路审视我的毕业设计，学生参加这个活动，要比其他同学多花精力和金钱，两个月内要在四地三校奔波，除了要调研、画图做ppt外，要会小品表演、拍视频、角色扮演、互换礼物，离开酒店还要求打扫酒店卫生，还原入住时的样子，那酒店清洁阿姨下岗怎么办？如果还是把这个毕业设计比作电脑游戏，那这个"非常城规六加一"毫无疑问是高难度版本。我们设置了那么多复杂的过程，就是为了培养学生的创新能力和协调能力，有换位思考能力，有应付复杂情况的能力，要求学生在掌握新技术的同时要有人文关怀精神，以人文对抗人工智能。

　　我们可以大胆推测，未来即使规划行业的工作方式和工作面貌有所改变，同学们若能保持一颗"温暖"的初心，人工智能终将只能辅助我们而不是取代我们。与其贩卖焦虑，不如踏踏实实行动。祝愿未来的活动越来越好。

# 后 记  赵炜

漫步梅州市历史城区之中，处处都能感受到客家人聚族而居的传统。"家"，地缘和血缘交融而成，历经颠沛流离，仍耕读相传，世代延续。在围龙屋的门第秩序之中，曾走出了多少赤子，又留下了多少故事？

"家"的复兴，是城市复兴的基础，对历史城区的保护与更新，核心指向的应当也是"家"。如何体验和理解客家人传统的"家"世界？如何在当前趋于碎片化的社区环境中找到隐藏其中的关键结构性要素？如何通过保护与更新规划达到引导空间与行为的目的？

在毕业设计的成果中，同学们给出了不同的思路。"溯客源、酿家声"，成功抓住了"亦主亦客"的角色转换，通过充盈着家园情感的"酿"，融入空间的构成之中。"断城续脉"，则准确评估和分析揭示了不同的"脉络"，空间"织补"的策略和规划十分清晰。"客城绎境"，以"井、径、景"，一套富有寓意结构性空间辨识逻辑，唤起城市空间文化的共识，修补和再塑新旧交织的客家生活境地。"聚万家"，畅想了"有轨电车线路"的规划，融合塑造建筑与景观场景，强有力地串联了整个规划区域，形成了游览、文化的线路。还有从"归来客""有缘城""共享城""客情家述""激活、延展、联动"等不同角度进行的深入解析，都抓住了"客·家·情"的内在关联。除了规划的策略和方法之外，同学们精彩的文创作品也展示出了联合毕业设计跨学科和专业的优势。

与同学们"有情有意"的规划方案比较起来，新的"国土空间规划"框架，充分强调了自然和国土资源，但对于"人居环境"的关注似乎并没有放到足够的高度。这不是规划的尺度和边界问题，更不是一场数字游戏可以制造或解决的矛盾。城乡规划建立起来的以人为本，可持续发展的思想和方法，有情有意，仍然应当在国土空间规划中起到价值引领的作用。学科发展和专业教育能否坚持融贯宏观与微观的整体意识，保持衔接相关学科专业的优势，不受到新框架的割裂与束缚？"南粤杯"六校联合毕业设计的土壤，承载着这项带有理想色彩的教学探索，在当前的背景之下，愈发显得珍贵。